彩图 1　青蛙

彩图 2　虎纹蛙

彩图 3　棘胸蛙

彩图 4　林蛙

彩图 5　美国青蛙

彩图 6　牛蛙

彩图 7　雌蛙

彩图 8　雄蛙

彩图 9 同期雌蛙与雄蛙生长对比

彩图 10 青蛙卵

彩图 11 铺设防渗透薄膜

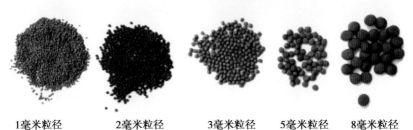

1毫米粒径　　2毫米粒径　　3毫米粒径　　5毫米粒径　　8毫米粒径

彩图 12 不同颗粒直径的膨化饲料

经典实用技术
丛书

青蛙养殖一本通

邹叶茂　张崇秀　石义付　编著

机械工业出版社
CHINA MACHINE PRESS

本书简要介绍了青蛙的养殖价值、引种条件、生物学特性，重点阐述了青蛙人工繁殖、苗种培育、围栏养蛙、池塘养蛙、稻-蛙共作、菜-蛙共生、莲藕田养蛙等综合种养模式，以及青蛙营养与饲料、暂养与运输、病害防治等新技术和经典养殖案例，全面展示了青蛙养殖的广阔前景。本书内容与生产实践结合紧密，图文并茂，文字简练，通俗易懂，可操作性强，力求使读者一看就懂、一学就会、一干就成，真正发挥科技对产业的引领和指导作用。

本书可供广大青蛙养殖户学习借鉴，可作为新型农民创业和行业技能培训教材，也可供基层水产技术人员、水产院校相关专业师生及水产动物养殖爱好者阅读参考。

图书在版编目（CIP）数据

青蛙养殖一本通/邹叶茂，张崇秀，石义付编著. —北京：机械工业出版社，2019.5（2020.2 重印）

（经典实用技术丛书）

ISBN 978-7-111-62534-6

Ⅰ. ①青…　Ⅱ. ①邹…②张…③石…　Ⅲ. ①黑斑蛙–蛙类养殖　Ⅳ. ①S966.3

中国版本图书馆 CIP 数据核字（2019）第 072570 号

机械工业出版社（北京市百万庄大街 22 号　邮政编码 100037）
策划编辑：张　建　责任编辑：张　建　周晓伟
责任校对：孙丽萍　责任印制：孙　炜
保定市中画美凯印刷有限公司印刷
2020 年 2 月第 1 版第 3 次印刷
147mm×210mm · 4.75 印张 · 1 插页 · 154 千字
标准书号：ISBN 978-7-111-62534-6
定价：25.00 元

电话服务　　　　　　　　　网络服务

客服电话：010-88361066　机　工　官　网：www.cmpbook.com
　　　　　010-88379833　机　工　官　博：weibo.com/cmp1952
　　　　　010-68326294　金　书　网：www.golden-book.com
封底无防伪标均为盗版　机工教育服务网：www.cmpedu.com

Preface 前言

　　青蛙（黑斑蛙）以其独特的风味和丰富的营养征服了广大消费者，成为众所周知的佳肴美馔。青蛙已由过去的"纯野生"发展成为当前最具魅力的创新产业和特色水产品之一，成为人们餐桌上的独特风味佳肴。

　　青蛙多样性的生态养殖模式，使有限的资源得到循环利用，是传统养殖理论和实践的传承与创新。池塘生态养蛙，稻-蛙共作、菜-蛙共生等综合种养模式，使种植和养殖无缝对接，实现了"一水两用、一田双收、粮渔双赢、绿色发展"，稻田变成了"金土地"，池塘变成了"聚宝盆"，极大地调动了广大农民朋友爱农种粮的积极性。人们不仅可以依靠土地致富来实现乡村振兴，还能为保障国家粮食安全贡献力量。

　　本书总结了作者多年从事青蛙养殖的实践经验，特别是近两年的研究成果，主要内容均来自作者的一手资料。本书简要介绍了青蛙的养殖价值、引种条件、生物学特性，重点阐述了青蛙人工繁殖、苗种培育、围栏养蛙、池塘养蛙、稻-蛙共作、菜-蛙共生、莲藕田养蛙等综合种养模式，以及青蛙营养与饲料、暂养与运输、病害防治等新技术和经典养殖案例，全面展示了青蛙养殖的广阔前景。本书内容与生产实践结合紧密，图文并茂，文字简练，通俗易懂，可操作性强，力求使读者一看就懂、一学就会、一干就成，真正发挥科技对产业的引领和指导作用。

　　需要特别说明的是，本书所用药物及其使用剂量仅供读者参考，不可照搬。在生产实际中，所用药物学名、常用名与实际商品名称有差异，药物浓度也有所不同，建议读者在使用每种药物之前，参阅厂家提供的产品说明，以确认药物用量、用药方法、用药时间及禁忌等。购买兽药时，执业兽医有责任根据经验和对患病动物的了解决定用药量及选择最佳治疗方案。

　　由于作者水平所限，书中难免存在疏漏、错误和不妥之处，敬请广大读者批评指正，以便再版时更正。

编著者

目 录 Contents

第一章 认识青蛙

第 一 章 认识青蛙

第一节 青蛙的分布与可食用品种

一、青蛙的分布

青蛙，人们习惯叫"黑斑蛙"，俗称"田鸡"，是自然界中最常见的蛙种。青蛙在分类上属于脊索动物门、脊椎动物亚门、两栖纲、无尾目、蛙科，广泛分布于世界各地。青蛙弹跳力强，能精准捕食飞行中的昆虫，更是捕食稻田中害虫的能手，所以又称为水稻的"保护神"，在我国被列入"三有"动物名录保护动物，是禁止捕杀的动物。

除了加勒比海岛屿和太平洋岛屿以外，青蛙在其他地区均有分布。我国从华北到华南的平原和丘陵地区最常见且数量最多。日本、朝鲜半岛、俄罗斯等地也有分布。青蛙喜欢生活在池塘、稻田、水沟、沼泽地、林地等湿润的环境中。

目前，青蛙数量锐减，主要原因包括环境污染、气候变化、外来物种的侵入、人类活动的扩张造成栖息环境的变化等，其他污染物也会引起两栖动物数量的下降，如酸雨等。事实上，几乎所有两栖动物的卵和幼体在 pH 低于 4.5 的水中均不能生存，而酸雨的 pH 一般在 3.5 左右，可以使水塘、溪流的 pH 下降到低于 4.5 的水平。在加拿大、斯堪的纳维亚半岛和东欧的一些国家和地区，都已经确认酸雨是造成池塘和湖泊中青蛙减少的主要原因。

青蛙肉质细嫩鲜美，营养丰富，不仅富含蛋白质、多种维生素、矿物元素和人体必需的多种氨基酸等，而且具有很高的药用价值。发展食用青蛙养殖，不仅有利于保护野生青蛙资源，使青蛙真正实现在养殖中保护，在保护中养殖，保护自然界的生态平衡，而且还能满足国内外市场对青蛙产品的需求，特别是稻田生态养蛙与菜-蛙共生。这样既可保护生态环境，又可为农作物提供优质的有机肥料，发展生态农业，促进农业可持续健康发展。

二、食用蛙的品种

1. 青蛙（黑斑蛙）

青蛙（彩图1）俗称"农田卫士""庄稼保护神"，营养丰富、药食同源，是价值极高的生态型和经济型野生动物，但在我国属于保护动物，严禁捕杀，所以青蛙一直没有列入食用蛙。2016年底，审批权限下放，青蛙的养殖可办理野生动物驯养许可证，野生动物经营利用许可证，在县一级林业部门即可审批，所以青蛙养殖户突然暴增起来，这样人工养殖的青蛙就可以进入消费者的餐桌。但是在过去，人们所说的食用蛙，一般是指下面几种蛙。

2. 虎纹蛙

虎纹蛙（彩图2）也叫水鸡，是泽蛙和金线蛙的统称，属于水栖型，是我国常见的蛙种。其分布广、数量多，之前进行大规模人工养殖的大多是虎纹蛙。虎纹蛙背部有黄绿色、深绿色或灰棕色的老虎皮的花纹，皮肤上也有明显的黑斑，这一点可以和青蛙（黑斑蛙）进行区别。虎纹蛙是我国常见的较大型经济蛙种，在我国南、北方均有分布。

3. 棘胸蛙

棘胸蛙（彩图3）又叫石蛙，属于水栖型营流水生活的蛙种。其体形似黑斑蛙，体色各异，以棕黄色为常见。雌蛙背部有长疣或圆疣；雄蛙腹部也布满刺疣，故名棘胸蛙。棘胸蛙常栖息于水流较缓的山溪瀑布下或山溪岸边石上或石下，主要分布在我国南方，是较大型的野生食用蛙种，目前正在进行人工养殖。

4. 林蛙

林蛙（彩图4）是我国重要的特种经济蛙种，主要分布在东北三省，俗称"哈士蟆""黄蛤蟆""油蛤蟆""红肚田鸡"等。其背部多呈黑褐色或黄褐色，腹部呈红黄色、乳白色或黄白色。林蛙生活在近水的草丛中，属于陆栖型中草丛生活型青蛙。

5. 美国青蛙

美国青蛙（彩图5）属于大型水栖型中的静水生活型蛙种，大小比牛蛙略小，一般个体重在400克以上，最大可达1.2千克。其背部呈浅绿色或绿褐色，上有点状斑纹，腹部呈灰白色，眼小，背部有明显纵沟。美国青蛙具有生长速度快、耐寒能力强、性情温顺、不善跳跃、运动少

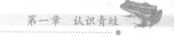

等特点，是继牛蛙后我国从国外引进的又一大型食用蛙品种。

6. 牛蛙

雄蛙叫声似公牛，故称牛蛙（彩图 6），是目前我国从国外引进养殖的主要蛙种。牛蛙属于大型水栖型中的静水生活型蛙种，是一种大型食用蛙类，可谓"青蛙中的巨人"，个体重可达 1 千克以上，最大可达 2 千克。其背部及两侧和腿部皮肤颜色一般呈深褐色或黄绿色，有虎斑状横纹；腹部呈灰白色，有暗灰色斑纹。牛蛙生性好动，善跳跃，怕惊扰。

第二节 青蛙的经济价值

一、食用价值

青蛙肉质细嫩、营养丰富、味道鲜美、口感极佳，其脂肪和糖分含量均低，富含蛋白质、碳水化合物、钙、磷、铁、维生素 A、B 族维生素、维生素 C，以及肌酸、肌肽等营养成分。明朝李时珍《本草纲目》中记载："南人食之，呼为田鸡，云肉味如鸡也。"青蛙是上等的绿色食品和滋补佳品。

二、药用价值

青蛙同样也是集食品、保健品、药品于一身，即药食同源的药用动物。据《东北动物药》记载，"青蛙鲜用或阴干行用，可全体入药"，有"利水消肿、解毒止咳"之功效，能治"水肿、喘咳、麻疹、月经过多等病"。其成体的胆、肝脏、脑、皮均可供药用。《本草图经》《本草纲目》《中药大辞典》《中药药名大辞典》《中国医学大辞典》《实用中草药大全》《中国动物药志》《中药现代研究荟萃》等 20 余种中医药书籍上均对青蛙的药用价值有所记载。

青蛙的机体中含有多肽类、多种维生素、生物激素、酶和保湿因子。两栖动物国际拯救组织专家泰莱教授认为：青蛙能造福人类，因为它们的外皮含有对付疾病的化合物，包括抗菌和抗病毒物质，可从青蛙皮中提炼出的药物几乎是无限的，利用青蛙可研制出大量的新药。

三、工业价值

青蛙皮质地坚韧、柔软、光滑、富有弹性，且有绚丽多彩的花纹，可作为制作高级手套、钱包、弹性领带、皮鞋、刀鞘及高档乐器配件的上等原料。青蛙皮价格昂贵，其制品在国际市场销路很广。青蛙头和内脏可干燥粉碎后制成动物性饲料。

第
一
章

四、生态价值

青蛙的主要食物是各种昆虫，特别是危害农作物的各种害虫。据统计，每只青蛙每天可捕螟蛾、稻苞虫、蝗虫、蝼蛄、叶蝉等农作物害虫60余只，每年能捕食1万多只，是保护农作物的忠诚"卫士"。大规模人工养殖青蛙时，可通过灯光和其他手段诱虫，以消灭或减轻农作物的虫害，而且能大大减少农药用量，既节省农药开支，又可极大地减轻农药对环境的污染。青蛙被视为环境卫生精准的晴雨表或指示器。环境因素也可能导致全球两栖动物数量下降；滴滴涕类杀虫剂分解后的污染物，会严重破坏两栖动物的生殖能力。将青蛙的胚胎直接浸泡于被污染的水中，易受到致畸物的影响，当人们误食这种青蛙后，会影响到人类的健康。这就告诉人们，要珍惜环境，保护生态平衡。

五、科研价值

青蛙是水陆两栖动物，在其生命周期中，要经过蝌蚪、幼蛙、成蛙3个时期，这有别于其他水生动物。其因易于人工繁殖，生长周期短，成本较低，适合暂养运输，是进行动物学、医学等方面研究的理想的和廉价的活体试验材料。

第三节 青蛙养殖现状与市场前景

一、养殖现状

青蛙人工养殖是近几年的事，市场放开养殖的时间是2016年底，目前已成为我国继小龙虾之后淡水养殖产业的又一支生力军。青蛙的适应能力强，繁殖速度快，迁移迅速，喜掘洞，对农作物有较大益处；对环境的适应性较强、病害少，能在湖泊、池塘、河沟、稻田等多种水体中生长，养殖技术易于普及，且生长速度较快，一般经过3~4个月的养殖即可达到上市规格。

提示

青蛙养殖综合投资在1万元/亩（1亩≈667米^2）以上，属于高投入农业养殖项目，对于养殖者来说风险很大。因此，项目实施前必须找专业人士对市场和技术进行调研和评价，资金、技术、市场的条件均具备时，即可开展，不可轻信网络等媒体一些夸大其词的虚假宣传。

湖南益阳和株洲两地青蛙养殖面积在 500 亩以上的企业就有 30 余家；湖北监利、潜江、汉川、宜城等地青蛙养殖面积在 200 亩以上的养殖户有百余家。青蛙的养殖成本为 16~20 元/千克，销售价格为 32~48 元/千克，年均效益在 5000~10000 元/亩。对于稻-蛙共作的养殖模式，效益会更佳。

青蛙已成为我国大众餐桌上的美味佳肴。随着生活水平的提高，人们对水产品的消费需求有了更高的要求。青蛙作为一种新的大众食品，具有营养价值高、味道鲜美等特点，目前在市场上十分畅销，是市场上水产品销量最多的品种之一，尤其在武汉、南京、上海、北京、常州、无锡、苏州、合肥等城市，年均消费量多在万吨以上，其中以麻辣味和卤味烹制的青蛙最受欢迎。

二、市场前景

由于青蛙深受国内外市场的欢迎，市场供不应求，价格不断攀升，超过了传统鱼类的市场价格，因而青蛙养殖产业具有较高的经济效益和广阔的发展前景，是农民发家致富的好产业。

经过几年的发展，全国大多数省份几乎都有或大或小的青蛙养殖场，而家庭式的小规模养殖几乎占了大部分，能够大规模养殖的确很少。造成这种现状的主要原因是青蛙养殖仍然存在很大风险。虽然青蛙的销售价格相对较高，但是只要能够熟练掌握养殖技术，高产是没有问题的，但养殖的关键在于青蛙的食物供给上。青蛙一般吃蠕虫、苍蝇、蚊子、蝗虫、蝼蛄、青虫、蚯蚓等活饵料。但是对于养殖户而言，活物养殖一是成本太高，二是难以保证供给量。虽然最近几年开发了青蛙养殖饲料，但并不保证所有青蛙都会吃饲料，最好的办法就是前期大量投入蝌蚪，这样一来投入又变大了，在这两难情况下大家都不敢进行大规模养殖，所以青蛙市场没有迅速饱和，青蛙养殖的前景还是看好的。

三、投资风险规避

每年 8~9 月，食用青蛙集中上市，作为农业大综品中的一部分，青蛙也像农产品一样易受价格的波动影响。要保证青蛙的价格维持在盈利的水平线以上，必须采取一定的营销策略。如果能做到以下几点，就可以降低或规避投资风险。

（1）转变单养青蛙的模式 将水稻、果蔬综合种植，依托乡村旅游吸引附近的人气，提高知名度。

（2）**错峰上市** 联系商家前来收购青蛙，并推行错峰上市，北方地区可以实现温室大棚养殖，保证冬季有蛙上市。

（3）**产品直销** 对当地酒店、农家乐进行订单养殖，省掉中间环节，获取更大利润。

（4）**网络销售** 通过互联网平台，网上销售青蛙。

（5）**打造品牌** 依靠当地民俗、民风、景区打出特色品牌。

总之，随着青蛙饲料问题的解决，规模化养殖场已不断出现，市场有饱和的趋势，所以青蛙养殖不可盲目跟风。

案例：武汉市李家集镇青蛙养殖户向波，2017年养殖面积40亩，投入45万元，当年10月底青蛙全部出售，毛收入76万元，盈利31万元；2018年又增加60亩的养殖面积，面积增加了一倍多，这一年蛙苗全部需要从外地购买，由于对青蛙病害估计不足，蛙苗成活率仅为30%，成蛙销售方式主要靠销售商上门提货，加上资金投入遇到困难，饲料供给不足，导致养殖失败，亏损60多万元。

养殖户在实施青蛙养殖项目前要充分论证，对市场预期做好调研和预测，对苗种来源要有计划，最好在前一年引进种蛙，第二年蛙苗可以实现自己供给，这样的养殖风险是可控的。不可以相信网络等媒体的一些虚假广告宣传。有些不法分子会打着某某科技公司的幌子，提出"高价供应良种蛙苗，产品包回收"等，让养殖户上当受骗。

第二章 青蛙养殖办证程序

青蛙被列为国家保护动物，不得随意捕捉、运输、买卖和宰杀，这与其他水产品养殖是完全不同的。例如，想要在湖北省境内从事青蛙养殖，依据《中华人民共和国野生动物保护法》《中华人民共和国陆生野生动物保护实施条例》《湖北省实施〈中华人民共和国野生动物保护法〉办法》《湖北省人民政府关于加强森林资源保护管理坚决制止乱砍滥伐林木、乱捕滥猎野生动物的通知》要求，青蛙养殖人员必须到当地县级林业或水产行政主管部门（野生动物保护站），凭已经登记注册的工商营业执照，申请办理湖北省非国家重点保护野生动物驯养繁殖许可证和湖北省非国家重点保护野生动物或其产品经营利用许可证后，才可以从事青蛙的养殖生产和产品销售。其他地域的情况也是类似的。

第一节 驯养繁殖许可证的办理

一、申请主体资格条件

1）工商部门核发的工商营业执照（各地要求不同，可不作为办理许可证的必需条件）。

2）有适宜驯养繁殖野生动物的固定场所和必需的设施。

3）具备与驯养繁殖野生动物种类、数量相适应的资金、技术、人员。

4）驯养繁殖野生动物的种源合法，饲料来源有保证。

可以不准予行政许可的情形如下：

① 野生动物来源不清。

② 驯养繁殖尚未成功或技术尚未过关。

③ 野生动物资源少，不能满足驯养繁殖种源要求。

二、注册工商营业执照

养殖青蛙并从事经营活动，需要到当地的工商部门办理营业执照

（图 2-1）（因个人或企业为经营主体的要求不同，具体情况养殖户需到当地野生动物保护站咨询），再到行业行政主管部门（农业农村局、林业和草原局）的野生动物保护站办理相关行政许可。在工商部门办理营业执照时，可以办理为个体工商户、个人独资企业或有限公司，经营范围表述为养殖、销售青蛙和牛蛙等。

> 提醒
>
> 青蛙属于非国家重点保护野生动物，猎捕野生青蛙是违法行为。所以青蛙养殖者必须持有工商营业执照、野生动物驯养繁殖许可证和野生动物经营利用许可证，三证齐全者才能从事青蛙养殖生产。

图 2-1　青蛙养殖营业执照

（1）办理个体工商户营业执照要件　①身份证复印件；②登记照 1张；③房屋产权证明、租赁合同或无偿提供说明等，无法提供房产证的，要到房屋所在地的村委会或居委会开具产权证明；④相关表格。请持①~③项所列资料到当地工商所领取并填写相关表格，以办理个体工商户核名、设立登记。

（2）办理个人独资企业营业执照要件　①投资人、财务负责人、联络员身份证复印件；②房屋产权证明、租赁合同或无偿提供说明等，无法提供房产证的，要到房屋所在地的村委会或居委会开具产权证明；

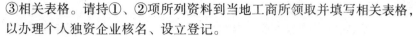

③相关表格。请持①、②项所列资料到当地工商所领取并填写相关表格，以办理个人独资企业核名、设立登记。

（3）办理有限责任公司营业执照要件　①投资人主体资格证明（如身份证复印件）；②董事、监事、经理身份证复印件；③财务负责人、联络员身份证复印件；④经办人身份证复印件；⑤房屋产权证明、租赁合同或无偿提供说明等，无法提供房产证的，要到房屋所在地的村委会或居委会开具产权证明；⑥股东决定或股东会决议；⑦公司章程；⑧相关表格。持上述资料到当地县级行政服务中心的工商窗口领取并填写相关表格，以办理有限公司的核名、设立登记。

三、提交材料和要求

1）申请书。

2）评审表。

3）证明申请人身份的有效证件或材料。

4）与申请驯养繁殖的野生动物种类、规模相适应的固定场所，以及必需的设施、资金储备和固定资产投入、饲养人员技术能力等证明文件及相关照片。

5）驯养繁殖野生动物的种源证明（已取得驯养繁殖许可证需申请增加驯养繁殖野生动物种类的，需提交原有驯养繁殖的野生动物种类、数量和健康状况的说明材料，以及已经取得的驯养繁殖许可证复印文件和相关批准文件）。

6）相应的资金和专业技术人员的证明材料。

7）开展申请驯养繁殖野生动物的可行性研究报告或总体规划（申办野生动物园的驯养繁殖许可证的还需附有省林业主管部门批准立项文件）。

四、驯养繁殖许可证审批步骤

1. 向县级林业或水产主管部门提出申请

养殖主体一般先要到工商部门注册工商营业执照，再到县级林业主管部门提交申请报告，格式如下：

关于请求办理野生动物驯养繁殖许可证的申请报告

××林业局：

本公司拟定于××年××月开始在本村养殖青蛙，共租赁土地×亩，筹集资金×万元，种苗从××黑斑蛙养殖基地引进，饲料采用专用青蛙人工颗粒饲料，已基本具备了养殖青蛙的资金、技术、基础设施条件。为了更好地壮大发展，合法经营，按照《中华人民共和国野生动物保护法》《中华人民共和国陆生野生动物保护实施条例》和《××省实施〈中华人民共和国野生动物保护法〉办法》的规定，特申请办理野生动物驯养繁殖许可证，请予以审批。

申请人：××公司

××年××月××日

附件：

① 场地照片。

② 生产资金证明。

③ 种源来源证明。

④ 技术人员资格证明。

⑤ 公司法定代表人身份证复印件。

2. 县级林业主管部门实地勘查

县级林业主管部门的相关部门会在 5 个工作日内，组织工作人员到申请人提供的养殖场地现场勘查，并写出核查意见，申请人所提交材料经全部核实后，会在 3~5 个工作日内完成审批并颁发相关证件（图 2-2）。

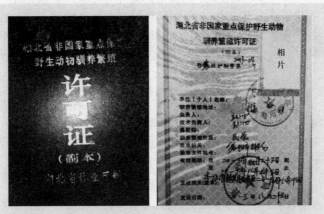

图 2-2　非国家重点保护野生动物驯养繁殖许可证

第二节 经营利用许可证的办理

养殖主体即养殖公司获得非国家重点保护野生动物驯养繁殖许可证后，接着要及时办理本省非国家重点保护野生动物或其产品经营利用许可证（图2-3）。

图2-3 非国家重点保护野生动物或其产品经营利用许可证

一、受理条件

养殖主体必须遵守国家相关法律法规，接受林业主管部门的监督管理。主要业务人员具备相关野生动物养殖专业水平。具有固定的专业交易市场、经营场所和设施设备。所养品种具备合法来源渠道，以人工驯养繁殖资源为主。具备与经营利用相适应的资金和技术人员。

二、提交材料和要求

1）书面申请。

2）工商营业执照。

3）提交野生动物经营许可证申请表。

4）证明申请人身份的有效文件或材料。

5）固定场所的产权或租赁合同。

6）证明陆生野生动物或其产品合法来源的有效文件和材料。

7）实施的目的和方案，包括实施的种类、数量、地点、经营利用方式、责任人等。

第二章

【样例】

关于申请办理野生动物或其产品经营利用许可证的申请报告

××县林业局：

本公司拟定于×年×月开始在本村养殖青蛙，并已办理非国家重点保护野生动物驯养繁殖许可证，已基本具备了养殖青蛙的资金、技术、基础设施条件。为了更好地壮大发展，合法经营，按照《中华人民共和国野生动物保护法》《中华人民共和国陆生野生动物保护实施条例》和《湖北省实施〈中华人民共和国野生动物保护法〉办法》的规定，特申请办理野生动物或其产品经营利用许可证，请予以审批。

申请人：××公司

××年××月××日

附件：

① 非国家重点保护野生动物驯养繁殖许可证。

② 经营场地照片。

③ 生产资金证明。

④ 种源来源证明。

⑤ 技术人员资格证明。

⑥ 公司法定代表人身份证复印件。

提示

各地办理青蛙养殖"三证"的要求和程序可能不完全一致，养殖户应遵守当地农业主管部门的规定守法生产和经营。

第三章 青蛙的生物学特性

第一节 形态特征

一、外部特征

青蛙形如其名，在它的身体背部有 1 对较粗的背侧褶，背侧褶间有 4~6 行不规则的短肤褶；背部基色呈黄绿色或深绿色，或带灰棕色，具有不规则的黑斑；腹部皮肤呈白色，光滑、没有斑纹；头形略似三角形，口裂大，眼大而凸出，眼后缘有圆形鼓膜；前肢短，趾端钝尖，趾侧有窄的缘膜；后肢较肥硕，趾间几乎为全蹼（图 3-1 和图 3-2）。

每只成蛙体重一般为 50~100 克，体长 70~80 毫米。雌蛙身体明显大于雄蛙，而雄蛙在鸣叫时，脖子两侧的外声囊膨胀为球状，这就是雄蛙与雌蛙在形体上的区别（表 3-1）。

图 3-1　青蛙

（图中标注：黑色斑纹、眼睛、嘴、鼻孔、耳膜）

实际养殖中青蛙的重量

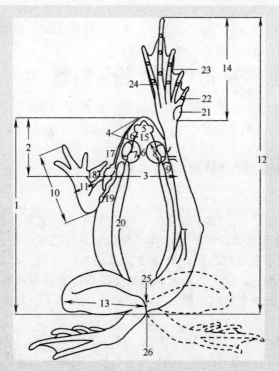

图 3-2　成蛙

1—体长　2—头长　3—头宽　4—吻长　5—鼻间距　6—眼间距　7—上眼睑宽　8—眼径　9—鼓膜　10—前背及手长　11—前背宽　12—后肢全长　13—胫长　14—足长　15—吻棱　16—颊部　17—咽侧外声囊　18—婚垫　19—颏褶　20—背侧褶　21—内蹠突　22—关节下瘤　23—蹼　24—外侧蹠间蹼　25—肛门　26—左右腿部相交

表 3-1　青蛙的外形特征

区别	雄蛙	雌蛙
个体大小	较小	明显大于雄蛙
声囊	咽喉部皮下有两个声囊	没有声囊
前肢第一趾	有发达的肉瘤（婚垫）	没有肉瘤（婚垫）

青蛙在不同的生长期具有完全不同的外形特征。蝌蚪外形和成蛙完全不同，身体分为头、躯干和尾3个部分，生活在水中，用鳃呼吸，离水就会死亡。幼蛙、成蛙无尾，身体可明显地区分为头部、躯干和四肢3个部分，用肺呼吸，营陆地生活，喜欢浅水、沼泽、潮湿的环境。

1. 蝌蚪

蛙卵经过孵化出膜的有机体即蝌蚪，是青蛙个体发育过程中的第一个发育阶段，具有适应水中生活的特征。刚孵出的小蝌蚪，依次出现眼与鼻孔，头的下面有一吸盘，靠吸盘吸附在水草等物体上；头的两侧有3对羽化外鳃进行有氧呼吸；口部尚未形成，不能摄取食物，靠胚胎的卵黄维持生命活动。孵化后2~3天，蝌蚪出现口裂，随即吸盘消失，外鳃逐渐萎缩至完全消失，与之相对的内鳃生长出来，呼吸功能由内鳃接替。同时，蝌蚪尾部延长，长出一条扁宽呈尖刀状的尾，是游泳器官。蝌蚪发育到30天左右，肺开始出现，它就可以浮到水面上直接呼吸空气了。蝌蚪身体两侧的皮肤柔嫩，其上布满感觉器，能够感受到水温和水压。蝌蚪的肛门位于躯干部与尾部交界处。

2. 幼蛙

黑色的蝌蚪用一条长尾巴作为运动的器官，随着个体的逐渐长大，蝌蚪先长出后腿，经过1周左右再长出前腿，尾巴渐渐地被机体吸收，缩短消失，初期的鳃也慢慢退化消失，肺泡形成并开始着陆爬行，最后变成幼蛙。

3. 成蛙

(1) 头部　青蛙头部扁平，略呈三角形，吻端稍尖。口宽大、横裂，由上下颌组成。上颌背侧前端有1对外鼻孔，外鼻孔外缘具鼻瓣。眼大而凸出，生于头的左右两侧，有上、下眼睑，下眼睑内侧有一半透明的瞬膜。两眼后缘各有一个圆形鼓膜。在眼和鼓膜的后上方有1对椭圆形隆起称为耳后腺，即毒腺。雄蛙口角内后方各有一个浅褐色膜襞，即声囊，鸣叫时鼓成气泡状。

(2) 躯干部　鼓膜之后、泄殖孔之前为躯干部。蛙的躯干部短而宽，躯干后端两腿之间偏背侧有一个小孔，即为泄殖孔。躯干是蛙体中最大的部分，短而宽。其腹部容纳了蛙体的内脏。

(3) 四肢　躯干部着生四肢。前肢短小，由上臂、前臂、腕、掌、趾五部分组成。具四趾，趾端无爪，趾间无蹼。雄蛙的第一趾内侧有膨大的肉垫，生殖季节，用以拥抱雌蛙，称为婚垫，婚垫内有黏液腺，能

在雌蛙抱对时分泌黏液，使它们粘在一起，不易滑脱。青蛙栖息陆地时，常以前肢直立着地，支撑前部，以利于张望，便于发现敌害或食物。蛙后肢分为股、胫、跗、跖、趾五部分，粗壮发达，具五趾，趾间有蹼，直达趾端，适于水中游动，它也是青蛙跳跃、游泳的主要器官。

(4) 眼睛和视力　青蛙的眼睛很特别。研究发现，其视网膜的神经细胞分成五类，一类只对颜色起反应，另外四类只对运动目标的某个特征起反应，并能把分解出的特征信号输送到大脑视觉中枢——视顶盖。视顶盖上有四层神经细胞，第一层对运动目标的反差起反应，第二层能把目标的凸边抽取出来，第三层只看见目标的四周边缘，第四层则只管目标暗前缘的明暗变化。这四层特征就好像在四张透明纸上的图像，叠在一起，就是一个完整的图像。因此，在迅速飞动的各种形状的小动物里，青蛙可立即识别出它最喜欢吃的苍蝇和飞蛾，而对其他飞动着的东西和静止不动的景物都毫无反应。

蛙眼瞳孔都是横向的，有3个眼睑，其中一个是透明的，尤其是在水中能保护眼睛，另外2个则是普通的眼睑。

(5) **皮肤和体色**　青蛙的皮肤是裸露的，其表面粗糙润泽，由较薄的表皮层和较厚的真皮层构成。在真皮层中分布有许多腺体，能分泌黏液使皮肤表面保持湿润，黏液内含一种溶菌酶，可抑制和杀灭皮肤表面的病菌。真皮层还布满微细血管网，能够吸收溶解于皮肤表面的氧气和排出二氧化碳。因此，青蛙的皮肤有呼吸功能，是重要的呼吸器官，在其冬眠期间全靠皮肤呼吸。

青蛙的皮肤只有少部分区域固着在皮下组织上，大部分区域的皮肤与皮下组织之间是充满淋巴液的皮下淋巴间隙，呈囊状。因此，青蛙皮很易全身剥离。

青蛙的皮肤上通常有一定轮廓、形状及一定部位的增厚部分，称为褶或腺。有狭长的纵列长褶，也有分散的肤褶。若不成褶，则在一定部位形成明显的腺体，如颌腺、胫腺。此外，皮肤上还有排列不规则的、分散或密集的皮肤隆起，隆起大而表面不光滑的称为瘰粒，隆起小而光滑的称为疣粒，更小的称为痣，有的呈小刺状。

青蛙的皮肤有黄褐色、灰褐色、褐色、绿褐色等，每种蛙都有自己特定的肤色。但是，蛙的体色会随着栖息环境的变化以及年龄、性别、外界温度、健康状况等而有所变化。体色变化的原因是，蛙的皮肤内含有色素细胞，是青蛙的一种自我保护本能。青蛙生长发育示意图如图3-3所示。

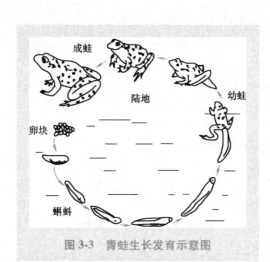

图3-3　青蛙生长发育示意图

二、内部结构

青蛙体内有许多组织器官，承担不同的功能，分为肌肉系统、消化系统、呼吸系统、循环系统、神经系统、排泄系统、内分泌系统、生殖系统、骨骼系统等。

1. 肌肉系统

青蛙肌肉分为骨骼肌、平滑肌和心肌3类。骨骼肌为横纹肌，又称随意肌，体壁与四肢的肌肉即属于此类。其运动力强，但不能持久，易于疲劳。附肢尤其后肢肌肉最为发达，为人工养殖青蛙所要获得的主要产品。构成内脏如胃、肠和膀胱等管壁的肌肉称为平滑肌，又叫不随意肌，可长久持续运动而不致疲劳。心肌为构成心脏的特殊肌肉，收缩力极强且能长久持续运动。

2. 消化系统

青蛙的消化系统由消化道和消化腺两部分组成。

（1）蝌蚪、青蛙的消化道　蝌蚪的消化道由口腔、咽、食道和胃肠道等部分组成。胃肠道呈螺旋状盘旋，胃与肠等部分分化不明显。捕食时，蝌蚪的口张开，食物随水一起进入口腔，随即口腔闭合，将进入口腔的水经鳃孔排出体外，食物通过咽和食道进入胃肠道。变态后的青蛙，其消化道包括口、口咽腔、食道、胃、十二指肠、小肠、直肠等部分。青蛙的口宽阔，口角开展，向后一直达到鼓膜的下方。口咽腔底部有肌

肉质的舌，舌根固着在下颌的前端，舌尖向后游离而分叉，舌上布有黏液腺并分泌黏液。舌能灵活地翻伸出口外捕食，为青蛙的重要捕食器官。当青蛙发现食物时，舌可由淋巴液迅速加压从口腔内很快向外翻出，把食物粘住，并迅速地卷入口中。在上颌骨、前颌骨的边缘及锄骨上生有圆锥形细齿，无咀嚼功能，只有防止食物滑出的作用。雄蛙在咽部靠近两口角处各有一个声囊开口，能使声带发出的声音产生共鸣，俗称蛙鸣。雌蛙则无声囊，叫声不易被听到。

口咽腔后端连接着很短的食道，是食物由口咽腔至胃的通道。食道连接胃，胃膨大呈弯袋形，是消化道中最膨大的部分。胃连接食道的一端称为贲门，与肠道连接的一端是幽门，由括约肌控制幽门的启闭。小肠是主要的消化器官，起于幽门，经几个盘曲后弯向回肠，通入正中宽阔的大肠。

大肠肠径增大且较短直，是吸收水分和形成粪便的场所。大肠末端开口于泄殖腔，为排粪尿、排精（雄）、排卵（雌）的共同通道。泄殖腔通向体外的开口为泄殖孔，平时由一圈括约肌关闭着，只在排泄或排精（或排卵）时开放。

（2）青蛙的消化腺　青蛙的消化腺主要包括肝脏和胰脏。肝脏位于体腔前端，有左、中、右三叶，其大小及色泽因季节及营养状况等因素而异。夏季食物丰富，蛙体健壮，肝脏大而色浅，呈红褐色或浅褐色。冬季因休眠绝食，体内贮存的养料不断消耗，肝脏变小且颜色加深，为紫红色或深褐色。

青蛙对食物的消化特点为，食物在胃中可停留一昼夜左右，脂肪和碳水化合物在胃中不易消化吸收，故青蛙每天只需投饵一次即可。青蛙的肝脏和胰脏均较为发达，肠道尤其是小肠对食物有很强的消化能力。

3. 呼吸系统

青蛙在蝌蚪期用鳃呼吸，与鱼类的呼吸方式相似，早期由鳃与体外相通。不论外鳃或内鳃，都有大量的毛细血管，与水相接触的表面积较大，以利于其在水中呼吸。

蝌蚪变态为幼蛙后，鳃呼吸就被肺呼吸所代替。肺呼吸通过鼻腔、口腔、喉气管室、气管至肺。青蛙无胸廓，通过鼻呼吸，吸气时口闭，咽喉部下降，空气经过外鼻孔、内鼻孔进入咽喉部时，鼻孔内的瓣膜关闭鼻孔，喉咽部的底部上举，声门开放，空气被压入肺内。当咽喉部下降时，进入肺内的气体又被压回到口腔，如此反复多次，经过气体交换后张开鼻孔，排出气体，完成一次肺呼吸过程。

青蛙的肺是主要的呼吸器官，但由于其构造简单，不能为血液提供充分的氧气，必须依靠皮肤呼吸来补偿肺呼吸的不足。在寒冷季节、冬眠或潜入水底时，皮肤便是唯一的呼吸器官。保持青蛙皮肤湿润有助于皮肤呼吸。

4. 循环系统

青蛙的循环系统主要由心脏、血管和淋巴系统组成。蝌蚪的心脏仅一心房一心室，表现为单循环。发育变态为幼蛙后，心脏分为一心室和左右两心房，表现出低等动物不完全双循环的特性。

5. 神经系统

青蛙的神经系统主要包括脑、脊髓和外周神经（如脑神经、脊神经）。青蛙前脑较发达，有真正的脑皮层。嗅觉能力不强，视觉不完全，只能见到附近的物体，但在水中可远视。听觉器官发达，对声响反应极为敏感。

6. 排泄系统

青蛙的排泄系统包括肾脏、输尿管、膀胱和泄殖腔等器官。青蛙体内多余的水分主要通过肾脏过滤后形成尿液，并通过肾脏两侧的输尿管流入泄殖腔内。

7. 内分泌系统

青蛙的内分泌系统主要包括甲状腺、胸腺、肾上腺、垂体和性腺等，其分泌物为激素，是青蛙生长、发育和生殖不可缺少的物质。

8. 生殖系统

青蛙为雌、雄异体，与鱼类相似，是体外受精，无外生殖器官。

雌性生殖器官由卵巢、输卵管、子宫、泄殖腔、泄殖孔和脂肪体等组成。卵巢是一对多叶、长囊状的雌性生殖腺，位于肾前端腹面，其形状、大小因季节而有差别。成熟卵巢由于充满黑色卵而表现为黑色。成熟卵在青蛙抱对时，因性激素的作用，自卵巢进入体腔，通过体腔膜的纤毛运动，进入子宫，再经泄殖腔排出体外。脂肪体位于卵巢的前端，为黄色指状，贮藏营养供生殖细胞发育。

雄性生殖器官有睾丸、输精小管、输精管（输尿管）和贮精囊。雄蛙无交配器官，只在交配时经泄殖孔将精子排出体外，并在体外完成受精。

9. 骨骼系统

骨骼是青蛙整个身体的坚硬支架，除使身体保持一定姿态外，还有保护身体内部器官的作用。骨骼系统由中轴骨和附肢骨组成。中轴骨包括头骨和脊柱骨。附肢骨包括带骨和肢骨。带骨又分为肩带骨和腰带骨，肢骨分为前肢骨和后肢骨。

第二节　青蛙的生活习性

一、两栖性

青蛙为水、陆两栖动物。所谓两栖就是蛙的生活中需要有淡水水域和陆地环境，蝌蚪必须生活在水中，而成蛙都需要生活在近水的潮湿环境中。青蛙无交尾器官，抱对、产卵、排精、受精、受精卵的孵化及蝌蚪的生活都必须在水中，变态后的青蛙才开始营水陆两栖生活，但其结构和机能只初步适应陆地生活。此时，必须保持其皮肤呈湿润状态，以利于皮肤呼吸，从而弥补由于肺结构简单所造成的呼吸不足。因此，它们喜欢生活在水草丛生的湖泊、沟渠、池塘、稻田、江河、沼泽及岸边的草丛中。白天常将身体浸在水中，头部露出水面，只有在环境合适时，才上岸栖息，晚上上岸跳跃觅食。

青蛙具有保护色，体色随环境变化而变化，通常表现出与环境相近的颜色，这样不会被敌害发现，从而保护自己。

二、变温性

青蛙是变温动物，没有体温调节机能，其代谢水平较低，自身的体温随季节、水温的变化而改变。青蛙对环境温度有各自的要求，各种蛙对极限温度的耐受力也存在差异。青蛙对季节性不良环境的反应是休眠，当寒冷袭来时就进入蛰伏状态。在我国大多数地区，青蛙有冬眠的习性，这是对环境的一种适应反应。冬眠期间，青蛙主要靠体内积蓄的肝糖和脂肪来维持生命。为此，每年秋末，在青蛙冬眠前，需要给其投喂蛋白质含量较高的饲料，增加其体内脂肪，使其储备热量，利于安全越冬，提高成活率。

三、群居性

青蛙是集群动物，往往喜欢数十只、数百只聚居在一起（图3-4）。在潮湿的洞穴中，常可同时观察到几只或数十只青蛙。青蛙的洞穴处阴暗且比较浅，一般是由青蛙四肢刨土修建成的小坑。只要环境条件适当、食物充足、无干扰，青蛙一般不再"搬家"，这是青蛙进行人工集中饲养的有利条件。

图 3-4　青蛙的群居性

青蛙喜群居，就误认为它不得病，密度可以无限增加，产量可达上万斤。事实上，青蛙对环境要求高，密度高则发病概率高。

四、归巢性

在繁殖季节，青蛙常常迁徙到有机质丰富的浅水农田、沼泽地带的水域中产卵，待繁殖完成后再返回到原栖息地生活。这种定向迁移的距离可达数千米远。青蛙对地理方位的记忆和识别能力较强，甚至可以在阴雨天漆黑的夜里，返回原栖息地的巢穴中。

五、跳跃性

青蛙的运动主要依靠肌肉发达的后肢来实现，多为跳跃式或游泳式。雄蛙后腿肌肉发达有力，跳跃的高度可达 100 厘米以上；雌蛙要显弱小，其跳跃高度也可达 50 厘米以上。

青蛙弹跳能力强，如果拦网有破损，只要有一只青蛙发现，就可出现流水式外逃。

六、野生性

青蛙天性喜安静、怕惊扰，受响声惊吓时立马跳跃、潜水或钻入洞穴中。其感觉灵敏，能觉察到相距十几米甚至数十米远处的声响。如果人为地将青蛙聚到一个新环境，它们会不安，易出现分散、跳跃、攀爬现象，逃脱欲强烈。

青蛙在人群围观下往往不吃食，在喧闹的环境下往往难以抱对、产卵或排精。因此，人工养殖青蛙时要注意保持环境安静，尽量减少人为干扰。

青蛙头上的两侧有 2 个颜色较深的小圆斑，那是它的耳膜，通过它来感知外界的声音。青蛙的背部呈绿色或土黄色，很光滑、很软，还有花纹，可以使它隐藏在草丛中保护自己不受敌害侵袭，也易捕捉害虫。青蛙白天栖息在稻田、池塘、水沟、河流沿岸的草丛或洞穴中，傍晚出来觅食。

第三节 青蛙的食性

青蛙具有两栖性，蝌蚪时期在水中生活，长成幼蛙后则以陆栖为主。因此，青蛙同时具有在陆地和在水中捕食不同食物的能力。

一、蝌蚪期的食性

青蛙在蝌蚪期的食性和鱼类相似，刚孵出的蝌蚪依靠卵黄囊提供营养，3~4 天后蝌蚪的口张开，食物随水一起进入口腔，随即闭合口腔，将进入口腔的水经鳃孔排出体外，食物通过咽部和食管进入胃中。

蝌蚪为滤食性，滤食水中细菌、浮游生物、小型原生动物、水生昆虫、水生植物碎片等。食物随呼吸水流进入蝌蚪口中被鳃耙过滤后吞食。在人工饲养条件下，蝌蚪还取食豆饼、麦麸、鱼肉、动物内脏、专用配合饲料的粉料等。观察发现，蝌蚪是捕捉鱼苗的高手，在鱼种池中，一尾出膜 10 天左右的蝌蚪，一天可捕食 20 尾以上的鱼苗。所以，蝌蚪是鱼苗的天敌。

二、幼蛙期和成蛙期的食性

在陆地上，青蛙是消灭害虫的能手。青蛙捉害虫的秘密武器是它又长又宽的舌头。其舌根长在口腔的前面，舌尖向后并且分叉，上面有许多黏液，只要小飞虫从其身边飞过，它就猛地往上一跳，同时张开大嘴，以箭一般的速度伸出它长长的舌头，害虫会被其舌头带入口中，成为它的美食。

在水中，青蛙可直接用下颌和口捕捉猎物。青蛙习惯于晚上摄食。在人工饲养的条件下，青蛙也能适应白天摄食。自然界中，青蛙的食物种类以昆虫为主，约占食物总量的75%。青蛙贪食，实验室观察证明，其一天可捕食30多尾鱼苗。

蝌蚪经过20天左右生长，就可以变态成为幼蛙，这时它会一改过去杂食习性，变为捕食活体动物，尤其喜食小型动物（如蚯蚓、昆虫、小鱼、小虾、螺蚬等）。

提示

　　幼蛙和成蛙在自然条件下的食物是摇蚊、水蚯蚓、蝇蛆等活饵，而通过搭建特制饵料台和人工驯食，可以完全改为摄食人工饲料，使青蛙的养殖成本降低50%以上。

青蛙人工特殊驯食方法：使用60目（孔径为0.25毫米）的白色网片，做成绷紧的框架饵料台，由于青蛙进饵料台的弹跳动作，会带动颗粒饲料的弹起或滚动，使青蛙误认为是活动的饵料，这样就可诱导其摄食人工膨化颗粒饲料。这就是人工饲养青蛙成功的技术核心（图3-5）。

图3-5　青蛙的人工驯食

第三章

第四节 青蛙的繁殖习性

一、卵生

青蛙是体外受精的卵生动物，受精卵细胞很快分裂，进行胚胎发育，6~10天就变成蝌蚪。蝌蚪在水中生长发育，经过30~45天，开始长出四肢，尾部慢慢萎缩，其营养物质被重新分配、利用。再经过3~5天，待尾部全部消失后，蝌蚪完全变态成幼蛙，于是由水生生活转变为陆生生活。

二、雌雄鉴别

雌雄青蛙存在较显著的差异，表现在体型大小、婚垫、体色、声囊、趾的长度、蹼的形状等方面。青蛙的部分性别特征出现在繁殖期，过后会逐渐消失，部分性别特征则终身保留（彩图7和彩图8）。

一般来说，雌雄青蛙的区别是：同期蛙卵孵化出来的个体体重相差1/4~1/3，雌蛙个体大（彩图9），皮肤光滑、鲜艳，无肉质疣；雄蛙个体小，皮肤多为浅灰色，前肢第一趾有明显婚垫，是繁殖期雄蛙拥抱雌蛙的"秘密武器"，雄蛙腹面的皮肤具有衍生物，如胸部有肉质疣。

三、性成熟年龄与繁殖期

青蛙的性成熟年龄为2龄。青蛙的繁殖期，在我国大部分地区为每年4月开始，5月进入繁殖盛期。青蛙繁殖期主要受气候和水温制约，长时间降水会导致繁殖期提前。在青蛙栖息地加注新水，淹没青蛙洞穴，可以把青蛙逼出来，也会促使青蛙繁殖期提前。人工饲养情况下，一般4月引进蝌蚪，5~6月引进幼蛙，8~9月底青蛙可长成40~60克/只的食用蛙。

四、求偶和配对

青蛙的求偶行为主要表现为雄性青蛙的响亮鸣叫声，雌蛙会应声进入产卵浅水区域。在交配过程中，蛙类有一个非常独特的生殖现象——"抱对"。这也是青蛙进入繁殖期的标志。雄蛙除了鸣叫，还有追逐、拥抱等行为。青蛙习惯于集群产卵，一对青蛙排卵，往往会产生"一花引来万花开"的奇效，会给产卵区域带来遍地蛙卵的景观。繁殖期内的青蛙，还会出现雄蛙争雌蛙和雌蛙争雄蛙的现象。当青蛙自由配对组合好后，雄蛙会爬上雌蛙背部，紧抱在一起，雄蛙的叫声会由大变小，而后逐渐停下来（图3-6）。青蛙的繁殖期各地有差别，长江流域在每年4月初至 5 月中下旬。青蛙抱对有其特殊的生物学意义，抱对并不表明它们会立即进行交配，这只说明这类物种是通过"抱对"的方式来完成生殖过程。观察发现，人为地把抱对的雌雄蛙分开，即使在青蛙的繁殖旺季，雌蛙也不会自行排卵。

图 3-6　青蛙抱对

五、产卵与受精

1. 产卵时间

青蛙的生殖特点与鱼类很相似，雌雄异体，水中受精，属于卵生。青蛙一般选择在夜晚产卵，少数在清晨产卵。青蛙抱对后，选择浅水区域有微流水或有水草的地方产卵。雌蛙先从泄殖孔排出蛙卵，雄蛙同时排出精液，雄蛙后腿弹动搅水，使精卵充分混合，完成受精过程。卵胶膜遇水后具有强黏性，相互黏结成团，或黏附在水草、树根等物体上（彩图 10）。受精率与温度、湿度、溶氧量、酸碱度、雌雄蛙数量的比例等关系密切。雌蛙的排卵活动对雄蛙的排精有刺激作用，使排卵排精的时间趋于一致。青蛙抱对以后，能否顺利产卵，取决于卵的成熟程度，有时要抱对 2~3 天才可产卵。

2. 产卵次数

青蛙属于一次产卵类型，即卵巢中的卵子同时成熟，一次产卵。产卵期的长短与雌雄蛙体质、年龄、环境温度、孵化介质等因素有关，任何一种因素未满足要求，都会导致青蛙产卵期延长。

3. 产卵数量

青蛙的产卵数量与雌蛙个体大小有关，个体越大，其怀卵量越大。一般个体重 50 克的雌蛙可产 1000~3000 粒卵，75 克的个体可产 5000 粒卵。自然界中，同龄的青蛙，雌蛙个体比雄蛙要大 10 克以上，这对青蛙扩大种群数量非常重要。

六、发育和变态

青蛙为水、陆两栖类动物，它们白天休息，晚上捕食，既保持了水中生活的特性，又要经过自身的变态适应陆地生活，表现出周期的生命特征。青蛙生长较快，从孵化到成蛙，需要 6~7 个月，经过卵期、蝌蚪期、变态期、幼蛙期和成蛙期 5 个阶段。

在我国长江流域，每年立冬前后，平均气温低于 16℃ 时，种蛙钻入向阳坡地或水域附近的洞穴中，开始冬眠，3 月中旬它们从睡梦中醒来，开始寻找配偶，一般 4~7 月进行繁殖，其中 4~5 月是产卵高峰期。

（1）卵期 性成熟的雌蛙卵巢中的生殖细胞，经过成熟分裂，形成卵子。雄蛙睾丸中的生殖细胞经过成熟分裂，形成精子。在繁殖季节，雌雄蛙进入水中求偶配对，雌蛙产卵，雄蛙同时射精，精卵结合成为受精卵。受精卵在水中经过胚胎发育过程，一般只需 4~12 天，就能看到蝌蚪从卵膜中钻出来，完成孵化过程。

（2）蝌蚪期 本期是青蛙"变形记"的重要准备时期，蝌蚪仍然在水中生活，用鳃呼吸，有尾做游泳运动。这个时期，它的生活方式与鱼类相似。

（3）变态期 蝌蚪长到 30 天之后，为了适应成蛙的陆地生活，会改变其水中生活的外形特征和内部结构。蝌蚪的尾部和鳍褶被吸收并完全消失，鳃丝被吸收、鳃裂愈合、鳃腔消失；角质齿和角质颚脱落，口腔形态发生变化；泄殖腔退化；某些血管演变和双循环形成；生长出四肢；中耳发育与第一咽囊相连，鼓膜长成；眼睛从其头的背部凸出并长出眼睑；舌长出；皮肤的结构发生一系列变化（如上皮层增厚，表皮细胞角质化，皮肤腺体生成并沉积结缔组织层），皮肤出现崭新的颜色和斑纹。各器官系统重新分化、发育和完善。

（4）幼蛙期 蝌蚪变态后即出现青蛙的雏形，食性和运动的方式都发生变化，用口腔和舌头捕食小型动物或人工饲料，用四肢跳跃行走，与成蛙相比只是个体大小上的差别。在变态过程中，蝌蚪和幼蛙相比，整个身体会缩小，结构更紧凑。

（5）**成蛙期**　幼蛙再经过3~4个月的生长就可变为成蛙。成蛙完全适应陆地生活，在自然条件下，捕食活饵，在人工饲养的条件下，摄食颗粒饲料。

 **青蛙养殖场的建设**

青蛙养殖场可结合江河、湖泊、溪流、洼地、水库、池塘、藕田、稻田、菜地等有利条件进行建设，并安装防逃和防护设施，实现科学管理和规模化养殖。

提示　青蛙养殖场地可因地制宜，因陋就简，将之前的水产养殖设施稍加改造即可使用。养殖面积可大可小，只需要有水源和环境安静即可。

第一节　场址选择

养蛙场选址要满足青蛙的生活习性和养殖生产上的实际需要，包括地形地貌、周边环境、水源、土质、交通、电力、排灌、饲料来源等。

一、符合养殖生产需要

青蛙的生活习性决定了养蛙场址应选择在潮湿、安静、温暖、植物丛生、浮游动植物繁多的场所，既有利于卫生防疫，又有利于青蛙抱对产卵和生长发育。应避开工厂、矿区、铁路或公路交通干线等人类活动频繁、声音嘈杂的地方。

选择地域不仅要考虑降低用地成本和减少环境污染，还要考虑蛙粪可以资源化利用和生产便捷等因素。如果蛙场为育种场，则场址应尽量接近需要大批种源的养蛙区域（图4-1），以提高苗种成活率和降低运输成本。如果成蛙面向本地市场，则场址应选择在城市的近郊或车站码头附近，以方便活蛙运输。

图4-1　集中连片的养蛙区域

二、地形地貌与水源水质

养殖场地面应呈东西朝向，这样接受阳光直射面大，光照强，地温、水温上升快，对青蛙及其饵料生物生长非常有利。这种地形，在夏季可受东南季风的影响，使受风面积大，增加水中含氧量，对青蛙尤其是蝌蚪的生长很有利。

我国淡水水域辽阔，一般淡水水源都适合养殖青蛙。不同的水源，其理化性质（如水的温度、盐度、含氧量、pH 等）不同，对青蛙的存活、生长与繁殖有不同程度的影响。因此，要注意水质是否适于青蛙生活；尤其要调查水源是否被城市下水道污水、工矿企业排放的污水或农药、化肥等污染。除此之外，还要考虑环境的安全性、隐蔽性，避免人为活动带来疫情和对青蛙栖息造成干扰，一般选址在山沟里或连片稻田的深处（图4-2）。

三、土壤土质

土壤的性质决定蛙池的保水性能。养殖场选择黏性土壤，可以避免水源渗漏，蓄水效果好，节水节能。如果蛙池建在砂性土壤上，就要铺设防渗透薄膜（彩图11），还要增加灌水设备，或建水泥池，这将会大大增加建场成本。

四、交通运输与电力保障

规模化青蛙养殖场，种源、饲料、产品的运输量较大，为了保证青蛙成活率，节省时间和运输费用，养殖场宜建在交通便利的地方。

图4-2 稻田养蛙和山林养蛙

青蛙养殖过程中，蛙池排灌、饲料加工、物资运输、安装诱虫灯等都离不开电力，因此，养蛙场应建在电力通达之地，否则需要安装发电机、柴油机等动力设备。

五、饵料来源

养殖场应建立在专业青蛙饲料工厂附近或饵料丰富的地区，以便能诱集大量昆虫，和供应大量浮游生物、螺类、黄粉虫等饵料；或者在该地区有丰富而廉价的生产饵料的原料及土地，如附近有供应畜禽粪的牛场、猪场、鸡鸭场和产出下脚料的食品加工厂等，以便养殖池培育浮游生物，养殖蚯蚓和蝇蛆等。近几年，配方饲料和造粒技术的应用，更有利于青蛙养殖，并且已经带来了可观的经济效益。

除此之外，青蛙养殖场应有工作用房、简易宿舍、存放用具的仓库、水泵等。另外，还要考虑其规模所要求的建场面积是否满足。

第二节 规划布局

一、总体布局

青蛙养殖场的建设规模需要根据生产、资金投入等情况来确定。在一定的建设规模（总面积）条件下，各类建筑的大小、数量及比例必须合理，使之周转利用率和产出率达到较高水平。

二、各养殖单元结构

青蛙养殖池根据其用途可分为种蛙池（即产卵池）、孵化池、蝌蚪池、幼蛙池和成蛙池。对于自繁自养的商品青蛙养殖场，所建上述5种蛙池的面积比例大致为5∶0.5∶2∶10∶30。对于种苗场，可适当缩小幼蛙池和成蛙池所占的面积比例，相应增加其他养殖池所占的面积比例。各类蛙池最好建多个，但每个蛙池的面积大小要适当。单个池适宜的面积是：种蛙池 200 米^2、孵化池 100 米^2、蝌蚪池 50 米^2、幼蛙池 300 米^2、成蛙池 500 米^2。面积过大则管理困难，投喂饲料不便，一旦发生病虫害，难以隔离防治，造成不必要的损失；面积过小则浪费土地和建筑材料，还会增加操作次数，而且过小的水体，其理化和生物学性质也不稳定，不利于青蛙的生长和繁殖。养殖池一般建成长方形，长与宽的比例为（3~4）:1。常见蛙池结构和布局如图 4-3 所示。

图 4-3 各生长阶段的蛙池

第三节 蛙池建造

一、种蛙池

种蛙池又叫产卵池，用于饲养种蛙和供种蛙抱对、产卵。青蛙抱对、产卵需要较大的水面活动空间，因此，种蛙池的面积宜大些。具体设计、建筑种蛙池时，其面积的大小要考虑生产规模、便于观察和操作等因素。一般每个种蛙池的面积以 30~50 米^2 为宜，这样便于观察产卵和采卵（收集卵块），至少要保证每对种蛙占水面面积为 1 米^2 左右。

建议　　种蛙池和孵化池、幼蛙池应彼此相邻，便于观察和操作，还能提高蝌蚪成活率，这几种蛙池也可以通用。

人工建造的种蛙池要具有仿生态性，青蛙临近产卵至抱对、产卵期

间，喜栖息在水中有水草、岸上有野草、阴凉的水陆两栖环境中，并且抱对时要求环境安静。青蛙产卵池宜建在养殖场中较为僻静的地方。池的四周留有一定的陆地，在池中建一个小岛，作为青蛙取食和栖息之地，陆地面积占水面面积的1/3~1/2。池周陆地或小岛上要种植一些阔叶乔木或水稻、莲藕、黄豆等作为隐蔽物。池中种植一些水生植物，用以净化水质，使产出的卵带能附着在水草上，浮于水面之上成为卵块，便于收集。池边应建造一些洞穴，以利于青蛙栖息和隐蔽（图4-4和图4-5）。

图4-4 种蛙池

图4-5 种蛙池内的植物

种蛙池底以高低不平、有深有浅为宜，但必须保留1/3以上的水面作为产卵区域，其水深要稳定在10~13厘米，以利于种蛙抱对、产卵和排精。池中其他地方水深一般为20~30厘米。为此，在池的周围和陆岛靠水处筑成斜坡，坡度为1：2.5。

　　青蛙的种蛙池一般为土池或水泥池，如果采用养鱼池等作为种蛙池，在放进种蛙之前，要彻底清池，清除野杂鱼和其他青蛙等。此外，种蛙池与其他养殖池要设置隔离网。对种蛙池饵料投放台、排水和注水管道等建筑的要求参考幼蛙池和成蛙池。规模较小的养殖场也可以不设立专门的种蛙池，而将成蛙池直接用作种蛙池和孵化池。

二、孵化池

　　蛙卵在孵化期间对环境条件的反应敏感，又容易被天敌吞食，所以孵化池不必太大，1～2米^{2}即可，池壁高约60厘米，水深约40厘米。孵化池可多设几个，具体数量依据亲蛙的产卵数量而定，还要便于将不同时期产的卵分池孵化，也可以使用塑料筐加网布代替孵化池（图4-6），这种方法便于操作，效果更好。不同时期（如相差6天以上）产出的卵同池孵化，先孵化出来的蝌蚪便会吞食未孵化的卵和孵化中的胚胎，所以要分池孵化。

图4-6 孵化池

　　孵化池的注水口与排水口应设于相对处，注水口的位置高于排水口。排水口用弯曲塑料管从池底引导出来，如果池水水位过高，池水会通过排水管向池外溢出，从而调节水位。排水口应罩40目（孔径为0.425毫米）的纱网，以免排出卵、胚胎或蝌蚪。孵化池上方宜设置遮阳棚。在卵孵化时，水面上放些浮萍或水葫芦，可使卵与水草黏附在一起，有利于刚孵出的蝌蚪吸附休息。另外，也可以在距离池底5厘米处搁置40目（孔径为0.425毫米）的纱窗板，使卵孵在纱窗板上方，不沉入池底。

　　孵化池要使用水泥池，因为水泥池壁面光滑，利于转移蝌蚪。土池会使下沉的卵被泥土覆盖，使胚胎窒息死亡，而且难以彻底转移蝌蚪，使用效果较差。

三、蝌蚪池

蝌蚪池用于饲养蝌蚪。蝌蚪池可以用土池也可用水泥池。土池一般水体较大，水质比较稳定，培育出的蝌蚪个头也较大，但因管理难度大，敌害又多，所以成活率较低。水泥池便于操作管理且成活率较高，但要注意池底宜铺一层约5厘米厚的泥土。土池要求池埂坚实不漏水，池底平坦并有少量淤泥。无论采用哪种蝌蚪池，池壁宜有较小的坡度（约1:10），以便蝌蚪变态成幼蛙后爬上陆地（图4-7）。

图4-7　蝌蚪池

蝌蚪池以10~20米^{2}为宜，池深0.8~1米，蓄水深0.5~0.6米，安装灌水孔、排水孔和溢水孔。灌水孔在池壁最上部。排水孔设在池底，以便在换水或捕捞蝌蚪时排水。溢水孔设在距离池底50~60厘米处，以控制水位。灌水孔、排水孔和溢水孔都要在孔口装上丝网，以防池中流入杂物或蝌蚪随水流走。池水每3~5天更换1次，以保持水质清新。

蝌蚪池中放一些水葫芦、水花生等水生植物，便于蝌蚪攀缘栖息。蝌蚪池上方需搭建遮阳网，以减少强光直射。池中设置数个饵料台，使放饵料的塑料网面距离水面约10厘米。由蝌蚪变态为幼蛙之前，在池的四周或一边的陆地上用稻草或木板覆盖作为隐蔽物，让幼蛙躲藏其间，便于捕捉转移。要及时把幼蛙移入幼蛙池中饲养，以免其吞食蝌蚪。同时在池周搭建防逃网，以防提前变态的幼蛙逃逸。

蝌蚪池须建造若干个，以便分批容纳不同时期的蝌蚪，防止出现大蝌蚪吞食小蝌蚪现象，或做小蝌蚪分池之用。一般而言，刚孵出的小蝌蚪密度可大一些，每平方米水面可养 5000 尾。随着蝌蚪长大，养殖密度应逐渐减小，到孵化后 30 天，每平方米水面可养 2000 尾左右。到了 60 天左右至蝌蚪完成变态，每平方米水面可养 500~1000 尾。在不同的饲养管理条件下，蝌蚪的养殖密度有较大的变动。

蝌蚪池的数量和大小应根据养殖规模来确定。为了便于统一管理，几个蝌蚪池可集中建设在同一地段，整齐排列。

四、幼蛙池

幼蛙池用于养殖由蝌蚪变态后的幼蛙。幼蛙池不宜过大，以免在进行幼蛙选择和转移等操作时，管理困难。通常为便于投饵等管理，宜采用长方形幼蛙池（图 4-8），面积一般为 20~40 米^2，池深 60 厘米。幼蛙池可以根据生产规模建成数个，以便视幼蛙发育情形，随时调整转移，做到大小分开饲养，避免发生大吃小的情况。

图 4-8　幼蛙池

刚变态完的幼蛙入池后，保持水深 15 厘米即可。随着幼蛙的生长，水深须逐渐加深。每个幼蛙池都要设置灌水管和排水管，以便控制水位。

幼蛙池用土池或水泥池。土池面积较大，底有稀泥，难以捕捞，是其缺点，但造价低，虽使用效果不及水泥池，但仍有可取之处。

因幼蛙喜吃活饵，在池中应设陆岛或饵料台（图 4-9），其上种一些遮阳植物或搭遮阳棚，供幼蛙索饵、休息。池中陆岛上还可架设黑光灯

诱虫，以增加饵料来源。此外，池的四周也应留陆地，供幼蛙栖息、捕食。陆地面积应占水面面积的 1/4 以上，陆地上种植多叶植物、藤木瓜菜、杂草、花卉等，池水中种植一些水生植物，既为青蛙提供良好栖息环境，又能招引昆虫增加幼蛙的饵料。为方便幼蛙登陆栖息采食，幼蛙池壁及陆岛入水处宜建成斜坡（坡度为 1∶2.5）。

图 4-9　幼蛙饵料台

青蛙有穴居习性，如果是水泥池，可以在池壁开设一些人工洞穴，这虽然会给捕捉带来麻烦，但有利于青蛙安全越冬和满足其生活习性的要求。幼蛙池周围还应设置高度为 1 米左右的围栏网以保证幼蛙安全。

提示　　幼蛙池要围绕变态后的蝌蚪能顺利上岸活动和觅食来施工，地面既要平缓又要潮湿光滑，避免其皮肤受损伤。

五、成蛙池

成蛙池也就是商品蛙养殖池（图 4-10），是青蛙养殖场的主要部分，其大小、排灌水方式、适宜生态环境的创造等可与幼蛙池相仿，在此不再重复。但在建池面积上可大些，池的最深处以 0.5～1 米为宜。为强迫成蛙索

图 4-10　成蛙池

饵，可取消陆岛，以饵料台代替。

规模较大的青蛙养殖场可多建几个成蛙池，将不同大小、不同用途的成蛙分池饲养，将食用成蛙与种用成蛙分池饲养。

成蛙池四周要搭建防逃网，其高度为120厘米左右，还要做20厘米左右的檐边，避免青蛙跳出。

以上介绍了规模化青蛙养殖场各类养殖池建筑的基本要求，但对规模较小的青蛙养殖场并不强求各类规格的养殖池齐全，可以一池养到底，如幼蛙池、成蛙池和种蛙池都是同一个蛙池，从蛙卵孵化到养成就在一个池中。当然，为避免青蛙自相残食，要将不同大小的青蛙分池饲养。对于规模较小，或是庭院式少量养殖青蛙，也可以只建一个成蛙池，让青蛙在其中自然地生长和繁殖。

第四节　养殖设施与设备

一、防逃设施

青蛙善于跳、爬、钻、游，有大蛙吃小蛙、小蛙吃蝌蚪的恶习。因此，建设青蛙养殖场，不仅应在场区四周设围墙，以防青蛙逃逸和天敌入侵，而且幼蛙池、成蛙池和种蛙池的周围也应设隔离网和防逃设施（图4-11）。

成蛙跳高可达1米以上，围墙必须高出地面1.5米，埋地30厘米，上端设向内折的遮拦。若用铁丝网须向内侧倾斜10°，并经常检查有无破损，防止青蛙逃逸。蝌蚪池的防逃设施较简单，只需在蝌蚪开始变态后短期内起作用，变态成幼蛙后应尽快转移至幼蛙池。根据使用材料的不同，防逃设施可以分为以下几类。

图4-11　蛙池围栏

1. 砖围墙

用各种砖建造围墙，一般地基为三七墙，地上部分二四墙即

可。围墙顶的内侧要做宽10厘米的檐边，以确保防逃效果。围墙要根据需要设置门、窗，门要能关得严，窗口应钉铁丝网或塑料窗纱，以防青蛙逃逸。砖围墙坚固耐用，保护性能好，但费用较高。

2. 塑料网片围栏

将规格为60目（孔径为0.25毫米）的塑料网上端用绳绞口，留出10厘米的檐边，呈"Γ"字形，在池周打木桩，间距为2~3米，将网片固定。网片底端深埋地下20厘米，顶端向内侧少许倾斜。塑料网片围墙造价低，操作简单，防护效果好，是目前使用最为普遍的防逃材料。

3. 石棉瓦或塑料瓦（板）围墙

建筑方法与砖围墙相同，建设较容易，造价也不高，也比较牢固，但互相衔接不牢合，常出现缝隙逃蛙现象。

无论建造何种围墙，均要开适当大小的门，以便人员出入投喂饲料和巡视。从围墙到池边应相距1米左右，既可供青蛙栖息，又可栽植杂草和花卉，以引诱昆虫，供青蛙捕食。

二、水质处理设施

青蛙养殖场的水质处理包括水源处理、池塘水体净化等方面。养殖用水和池塘水质的好坏直接关系到养殖的成败。

1. 水源处理设施

青蛙养殖场在选址时应首先选择有良好水质的水源地，如果水源水质存在问题或不能满足阶段性养殖需要，应考虑建设水源处理设施。水源处理设施一般包括沉淀池、过滤池、杀菌消毒设施等。

（1）沉淀池 沉淀池是应用沉淀原理去除水中悬浮物的一种水质处理设施。沉淀池中的水停留时间一般应大于2小时。

（2）过滤池 过滤池是一种通过滤料截留水体中悬浮固体和部分细菌、微生物等的水质处理设施。对于悬浮物含量较高或藻类寄生虫等较多的养殖原水，一般可用过滤池进行水质处理。过滤池一般有2节或4节结构，滤层滤料一般为3~5层，最上层为细砂。

（3）杀菌消毒设施 养殖场孵化育苗或其他特殊用水需要进行水源杀菌消毒处理。目前一般采用漂白粉、生石灰和臭氧杀菌消毒，杀菌消毒设施的规格取决于水质状况和用水量。

臭氧是一种极强的杀菌剂，具有强氧化能力，能够迅速广泛地杀灭水体中的多种微生物和致病菌。臭氧杀菌消毒设施一般由臭氧发生机、臭氧释放装置等组成。淡水养殖中臭氧杀菌的剂量一般为1~2 克/升，臭氧浓度为 0.1~0.3 毫克/升，处理时间一般为 5~10 分钟。池水在经过臭氧杀菌之后，应设置曝气调节池，以去除水中残余的臭氧，确保进入蛙池的水臭氧浓度低于 0.003 毫克/升。

向蝌蚪池喷洒
药物消毒

2. 池塘水体净化设施

池塘水体净化设施是利用池塘的自然条件和辅助设施构建的水体净化设施，主要有栽植水草、生态坡、水层交换设备、藻类调控设施等。

（1）栽植水草 水草净化是利用水生植物根系的吸收、吸附作用和物种竞争机制，消减水体中的氮、磷等有机物，并为多种饵料生物提供生息繁衍的条件，重建并恢复水体生态系统，从而改善水体环境。常用的水生植物浮床（图 4-12）可达到显著的净化效果。

（2）生态坡 生态坡是利用池塘边坡和堤埂修建的水体净化设施。一般将砂石、绿化砖、植被网等固着物铺设在池塘边坡上，并在其上栽种植物，利用水泵和散布的水管线将池塘底部的水抽起来并均匀地分流到生态坡上，通过生态坡的渗滤作用和植物吸收作用，去除养殖水体中的氮、磷等有机物，达到净化水质的目的。

图 4-12　常用的水生植物浮床

第四章

(3) 水层交换设备　在池塘养殖中，由于水的透明度降低，使水体温度降低，水中浮游植物光合作用减弱，水体中溶解氧量较少，若不及时处理，会给池塘养殖生物造成危害。水层交换主要是利用机械搅拌、水流交换等方式，打破池塘光合作用形成的水分层现象，充分利用白天池塘上层水体光合作用产生的氧，来弥补底层水体的耗解氧需求，实现池塘水体的溶解氧平衡。

水层交换设备主要有增氧机、搅拌机、射流泵等。

三、增氧设备

增氧设备是青蛙养殖场必备的设备，尤其在高密度养殖情况下，增氧设备对于提高养殖产量，增加养殖效益发挥着巨大的作用。

常用的增氧设备包括叶轮式增氧机、水车式增氧机、射流式增氧机、吸入式增氧机、涡流式增氧机、增氧泵、微孔曝气装置、涌喷式增氧机、喷雾式增氧机等。

四、排灌设备

水泵是养殖场主要的排灌设备，青蛙养殖场使用的水泵种类主要有轴流泵、离心泵、潜水泵、管道泵等。但无论使用何种水泵，都要罩上纱网，以免损伤青蛙并防止青蛙逃逸。水泵在青蛙养殖上不仅用于池塘的进排水、防洪排涝、水力输送等，在调节水位、水温、水体交换和增氧方面也有很大的作用。

养殖用水泵的型号、规格很多，选用时必须根据使用条件选择。轴流泵流量大，适合于扬程较小、输水量较大情况。离心泵扬程较大，适合在输水距离较远的情况下使用。潜水泵安装使用方便，在输水量不是很大的情况下使用较为普遍。

五、水质检测设备

水质检测设备主要用于池塘水质的日常检测，青蛙养殖场一般应配备必要的水质检测设备。水质检测设备有便携式水质检测设备以及在线检测监控系统等。

(1) 便携式水质检测设备　具有轻巧方便、便于携带的特点，可以连续分析测定池塘的一些水质理化指标，如溶解氧量、酸碱度、氧化还原电位、温度等。青蛙养殖场一般配置便携式水质监测仪，以便及时掌握池塘水质变化情况，为养殖生产决策提供依据。

(2) 在线检测监控系统　有条件的青蛙养殖场可安装在线检测监控

第四章

系统。池塘水质在线检测管控系统一般由电化学分析探头、数据采集模块、组态软件配合分布集中控制的输入输出模块，以及增氧机、投饲机等组成。多参数水质传感器可连续自动监测溶解氧量、温度、盐度、pH等参数。

反馈控制系统主要通过程序把管理人员所需要的数据要求输入到控制系统，控制系统通过电路控制增氧或投饲。

六、起捕设备

起捕设备用于池塘青蛙的捕捞，具有节省劳动力、提高捕捞效率的特点。池塘起捕设备主要有地拉网、地笼、手抄网等。

七、动力、运输设备

青蛙养殖场应配备必要的备用发电机和箱式运输车。尤其在电力基础条件薄弱的地区，更需要配备发电设备，以应对电力短缺时的生产、生活需要。

第四章

第五章 青蛙的人工繁殖

第一节 青蛙引种前的准备

一、青蛙引种所需证件

青蛙属于禁止捕杀的非国家重点保护野生动物，引种时必须具备野生动物驯养繁殖许可证，还需要蛙种出售方出具引种证明，方可运输至养殖基地进行饲养。否则，是非法饲养，属于违法行为，要承担法律责任。

二、引种最佳时间

引进种蛙，要在青蛙冬眠之前的秋季进行。即养殖的头一年就要备好青蛙亲本为第二年生产做准备。若是引进蝌蚪，则可在第一年青蛙繁殖季节进行，不可错过时机。

如果等到第二年引种，青蛙繁殖就难以成功。原因是种蛙经过在原种场越冬后，到第二年开春，就爬出洞穴，通过不断的鸣叫吸引雌蛙出洞。此时雄蛙追逐、抱对产卵，繁殖就会成功。而在春季引进种蛙，改变其生活环境，繁殖就很难成功。在自然条件下，长江流域地区，每年3~4月，当水温上升到 20~28℃ 时，青蛙即进入繁殖旺季；水温低于20℃或高于30℃时，青蛙一般不抱对、不产卵。

> 怀卵雌蛙在高温天气运输死亡率较高。在初春和秋末气温变化较大时也不宜引种，种蛙难以适应新环境，死亡率较高。

三、种蛙识别

1. 商品蛙不宜作种蛙

种蛙与商品蛙在培育方式上有很大差异。商品蛙由于是近亲繁殖，品种退化严重，体质弱、抗病力差、生长缓慢。引进种蛙，必须选择经过提纯复壮和远缘交配培育性状优良的青蛙。

2. 严格挑选

选择健壮活泼，体长稍长的二龄青蛙，要求体重达 40 克/只以上。购买前认真观察种蛙的活动及摄食情况，同时注意青蛙的皮肤是否有光泽，腹部是否有弹性，四肢是否健全，有无疾病和外伤等。如果发现有染病蛙则不可急于购买。

3. 做好消毒防病

种蛙引进时，应提前 10 天用生石灰彻底清池消毒。种蛙在运输前后分别用 15~20 克/升的高锰酸钾溶液，或用 8~12 克/升的聚维酮碘溶液浸泡 15~30 分钟。远距离运输，尽量避免受热和挤压，运输途中间隔 2 小时采取 1 次淋水降温，把环境温度控制在 20℃ 以下，温差不宜超过 5℃，谨防感冒。

四、引种注意事项

1. 检验检疫

检验检疫是指按照国家法规对各种动物及其产品进行的疫病检查。动物检疫可分进出口检疫和国内检疫两大类。动物进出口检疫指进口或出口的家畜及其产品以及观赏动物和野生动物等在到达国境界域时所受到的检疫。一般的检疫对象为国内尚未发生、而国外已经流行的疾病，为害较大而又难以防治的烈性传染病和重要的人畜共患病等。国内检疫可分产地检疫和运输检疫。产地检疫是指集市或牲畜市场检疫，或产地收购检疫，是在贸易过程中进行的，目的在于避免因屠宰病畜而散布病原，造成非病区传染；运输检疫是指交通运输部门（包括铁路、公路、航空和港口）对托运的动物及其产品进行检疫，检查产地签发的检疫证书，准予或不准予托运。此外，尚有国际邮包检疫和过境检疫等。

2. 隔离观察

检疫手段一是隔离观察，二是实验室诊断。通过动物检疫，对可疑或已经证实的疫病对象实行强制隔离，或做适当处理，以防止动物传染病的传播，保障畜牧业生产和人民健康。我国规定凡从国外引入的动物及其产品，在到达国境口岸后由国家检疫机构按规定要求检疫。输出动物及其产品由外贸部门负责管理，对合格者签发检疫证明书，方可输出。

第二节 种蛙的来源与选择

一、种蛙的来源

种蛙就是通常所说的用来繁殖的雌雄蛙亲本，要求个体大，皮肤色泽光亮，体质健壮，跳跃能力强。种蛙主要有四种来源：一是由引进的蝌蚪养成达到性成熟的个体，再从中挑选种蛙；二是从青蛙养殖场培育的亲本中选购良种；三是从青蛙养殖场预留的后备种蛙中挑选来年亲本；四是对于小规模养殖场，自养自繁种蛙。青蛙规模化养殖，必须采取人工繁殖的方法来获得大批量的蝌蚪和幼蛙。

提示　　根据国家和地方野生动物保护法律法规，禁止捕捉野生环境中的幼蛙或成蛙作为种蛙。

1. 蝌蚪养成种蛙

每年 3~4 月，购进个体大、抗病力和适应性强的蝌蚪。养至 6 月，可变态成幼蛙，至 9~10 月，既可作为商品蛙出售，又可挑选出种蛙，第二年即可抱对、产卵。

2. 幼蛙养成种蛙

早春引入的越冬幼蛙，养至秋季，一部分即可作为商品蛙上市，另一部分留作种蛙，第二年春季即可产卵。秋末冬初引进的幼蛙相对价廉。

3. 引进种蛙

种蛙放养，一般在 9~10 月，放养密度为 10~12 只/米^2，雌雄比例为 1∶1，种蛙在种蛙池中冬眠后，第二年 3 月左右苏醒，在清明节前后开始抱对、产卵。

为了给种蛙提供一个安全卫生的产卵环境，在它们入池前，要先给产卵池消毒。消毒可用生石灰或碘制剂消毒，同时，种蛙在放入种蛙池前也要进行消毒处理，进而降低病害发生概率。为了方便取卵，在池内水沟中，每隔 2~3 米，用树枝及稻草、水草搭建一个产卵巢。长度为 0.6 米左右，产卵巢没入水中 2~3 厘米，表面与水面平齐。

引进种蛙分为秋季和春季两季引种。在秋季，引进的成蛙进行培育，增加体内脂肪，即可安全越冬。第二年的春末夏初开始产卵。秋季气温较低，适宜青蛙运输。在春季，选择腹中有卵块的成蛙，这种成蛙经过短期饲养即可产卵。夏季的蛙，多数已产过卵，养到第二年才能繁殖且养殖周期长，另外夏天天气炎热，运输较为困难，因此，夏季不适宜引种。

在选择种蛙时，雌雄性别比例为 1：1。青蛙寿命一般为 7~8 年，野生环境下生长 2 年以上达到性成熟，繁殖能力有限，所以，各地都有保护野生青蛙的法规，严禁捕杀。尤其是捕捉幼蛙，不仅会减少后续种源，还会破坏生态环境。

二、种蛙的选择

1. 雌雄识别

青蛙的繁殖期是每年的 4~6 月，在繁殖期前，应该选好种蛙。一是在繁殖期蛙鸣叫的时候，蛙嘴的两侧有很大的两个气泡的为雄性，没有的则为雌性；二是在繁殖期，种蛙抱对时，雄蛙在上，雌蛙在下，雄蛙个体一般小于雌蛙；三是在繁殖期前或繁殖期过后，操作者一只手把种蛙捉住，另一只手轻轻扳开蛙嘴，可以清晰看见蛙嘴的两侧有黑色的气囊膜，该蛙为雄性，没有的则为雌性。

经验

选择种蛙以 2 龄或 3 龄的个体为好，2 龄雌蛙首次产卵，产卵量在 1000~2000 粒，孵化率较高，蝌蚪质量好。3 龄雌蛙虽然怀卵量在 3000~5000 粒，但孵化率较低。大量排卵可造成雌蛙产卵管外脱，导致亲本死亡。

2. 种蛙放养

种蛙的放养密度不要太大，以 6~8 对/米² 为宜，雌雄比例可按 1：1 或 1：1.2 为宜。

3. 种蛙的运输

（1）运输条件 以使用空调车运输为宜（图 5-1）。用具要求保湿、透气、防逃。用木、铁或塑料制成的桶、帆布袋、木箱、铁皮箱及内衬塑料薄膜的纸箱等。用具的侧面要有通气孔，装蛙之前应在底部垫放

图 5-1 种蛙空调车运输

些水草或湿布以利于保持水分。

（2）装运管理　装运前 2~3 天，停止投饲，以免运输途中排出粪便。选择在 10~28℃ 的凉爽天气运输。夏季高温期间，尽量选择阴天或晴天的晚上运输。长途运输途中要防止因拥挤而窒息，应定时用清水冲洗蛙体，以除去过多的黏液和降低温度，并保持较高的湿度。要尽量缩短运输时间，一般 3~5 天为安全运输期。装蛙量以低于容器容积的 1/3 为宜。运输过程中应尽量减少震动，用水量不可过多。用水的主要目的是保持较高湿度，以利于青蛙呼吸。

第三节　种蛙的饲养

一、种蛙池的建造

种蛙池面积不宜过大，一般以 100 米^2 为宜，池深度在 0.5 米以内，池四周用纱网围起来防逃，水深保持在 20~30 厘米（水太深产出的卵容易沉入水底，影响孵化，同时也不易被发现，无法捞卵做专业孵化）。繁殖期水面要大，陆地面积只占水面的 1/3。

二、放养前的准备

放养前要对青蛙进行消毒，消毒时间应于蛙放养前的 7~10 天进行，待消毒药物的毒性完全消失后才可放养幼蛙。

三、放养密度

种蛙需要较大的活动空间，放养密度应低于幼蛙，而且应随着其个体的长大而递减。体长 10 厘米、体重 50 克/只左右的亲蛙，每平方米放养约 100 只。体重 100 克/只以上的每平方米放养 50~80 只。

四、种蛙的培育

种蛙的培育要从秋季抓起，使其健壮活泼，体内贮备营养丰富，确保安全越冬。一般第一年选种，第二年开春繁殖，效果最好。培育时要求为其创造安静隐蔽、有光线、无外来干扰、水质清新、水深适度的生存环境。

五、种蛙的饲喂

种蛙摄食量大，营养能充分满足生长繁殖所需，一般每只每天投喂量为其体重的 10%，饲料种类宜多，营养全面，其中动物性饲料应不低于 60%。亲蛙在发情时摄食量减少，抱对、产卵、排精时基本停食，之后摄食量大增，要根据以上情况酌情增减投喂量。

一般每天傍晚投喂1次，也要定点、定时，要经常清理饵料台，以保持清洁卫生。

六、种蛙的管理

种蛙池既是亲蛙摄食、生活的场所，也是产卵繁殖的场所，还可以作为蛙卵孵化的场所。因此，管理工作不容懈怠。

1. 最适水温

种蛙池的水温宜控制在25~27℃，适宜水温为23~30℃。否则，将不利于亲蛙生长发育与繁殖。

2. 周围环境

周围环境保持安静，避免人员频繁往来。动物养殖密集区域，防止疫情传播。

3. 池水深度

水位保持在15~40厘米，其深度与保持适宜的水温有关。经常换水以确保水质优良，其溶氧量、盐度、pH、生物组成等要适于蛙卵胚胎发育。若池水较浅，水温易变，要特别提防酷暑水温过高对卵的危害。

4. 蛙卵保护

亲蛙产卵后，一般都应及时将卵细心地用盆托出（不要颠倒卵的上下位置，不应搅动卵块）。轻轻放入孵化池（箱）内单独孵化，加强管理和保护，以提高孵化率。

5. 谨防敌害

要谨防各种天敌捕食抱对的亲蛙及蛙卵。因抱对中的亲蛙处于生殖兴奋状态，对天敌入侵反应不灵敏，行动也不方便，御敌能力大为降低；而蛙卵更易被鱼类、蛇类及其他青蛙所吞食。

6. 种蛙越冬

搞好种蛙越冬，可以保证第二年幼蛙充足且质量好、成活率高，还可以大幅度降低养蛙成本，这是养蛙成功的关键。种蛙越冬主要有洞穴越冬、塑料棚越冬、草堆越冬等方式。

第四节 青蛙性别的人工诱变

根据雌雄青蛙的生长性能差异和市场需求，可以通过人为控制的方法，进行青蛙性别选择。在蛙卵胚胎发育的初期，性腺尚未分化，只有

当胚胎发育到一定阶段，其原生殖细胞才开始两性分化。青蛙胚胎的生殖腺是由皮质、髓质和原生殖细胞3个主要部分组成的。如果原生殖细胞进入生殖腺皮质部分，生殖腺就会向雌性方向分化；如果原生殖细胞进入生殖腺髓质部分，生殖腺则向雄性方向分化。因此，在性腺分化的关键时期，通过激素诱导或改变环境温度，均可促使其生殖腺向某一特定性别方向发育，并永久保持这一性别特征。

值得注意的是，经过性别诱变剂处理而得到的雌性成蛙，即使卵巢发育正常，也不能留作种蛙。由于受某种机理的制约，这样的青蛙在繁殖期是不能抱对的，不能完成正常的产卵受精过程。

> 青蛙的雌性生长较快，个体大，价格也高，与牛蛙、虎纹蛙不同，养殖人员都是通过低温控制，如3月初蛙池提前加水，逼迫青蛙出洞抱对繁殖，使雌蛙占60%以上。

一、雌蛙的人工诱变

雌性诱变技术一般不用于青蛙，主要应用于中国林蛙，因为中国林蛙的经济价值主要体现在雌蛙的输卵管。雌蛙输卵管的风干品，即哈士蟆油，是一种珍贵的滋补品，有"软黄金"之称。在南方，由于繁殖季节温度相对偏高，会导致中国林蛙胚胎的生殖腺向雄性方向分化，导致雄性比例偏高，因此中国林蛙养殖的雌性化问题就显得更加关键。目前，中国林蛙雌性诱变的方法主要有两种，一种是控温法，另一种是性激素诱导法。

（1）控温法 控温法即通过控制蝌蚪养殖期的水温来调节中国林蛙雌性个体的比例。在中国林蛙生殖腺分化期间，温度对生殖腺的分化发育的方向有明显影响。温度高，生殖腺向雄性分化发育的比例较高；温度低，生殖腺向雌性分化发育的比例较高。在蝌蚪生长发育期间，特别是在缓慢生长期和变态期，将日最高水温控制在13~18℃，即可诱导生殖腺向雌性方向分化，达到提高雌性个体比例的目的，一般雌性个体可达70%左右。这种方法也可用在青蛙的性别控制上，效果是一样的。

（2）激素诱导法 激素诱导法即利用雌性激素来诱导中国林蛙的生殖腺向雌性方向分化发育。雌性激素属于固醇类激素，不溶水，因此用药时要用酒精来溶解。另外，激素的作用效力很高，在用药时一定要

注意用药量，用药量过大会导致中国林蛙发育畸形。这一方法也有人用在青蛙上。

二、雄蛙的人工诱变

自然界中，性成熟前雄性青蛙生长快于雌性。同等体重的成蛙，雄性的出肉率高于雌性，特别是雄蛙的后腿肌肉较雌蛙的发达、粗壮有力。所以，单纯培育雄性青蛙种苗，可以提高养殖产量和经济效益，这是雄性诱变主要用于牛蛙、美国青蛙、虎纹蛙、棘胸蛙的主要原因。对于青蛙来说，虽然雄蛙个体较雌蛙小，但雄蛙跳得高，捕食害虫的能力强，后腿肌肉发达，人工养殖青蛙也适合应用本技术。

1. 控温法

水温超过30℃，蝌蚪发育为雄性蛙比例可达80%以上，若水温长期超过30℃，则蝌蚪会全部变为雄性。

2. 激素诱导法

使用甲睾酮可以诱导蝌蚪变为全雄性的单性苗种。

（1）掌握用药的时期　用甲睾酮诱导性变，对整个变态期前的蝌蚪都有效，只是对7~30日龄的蝌蚪用药可获得最佳效果。因为在这个发育期的蝌蚪正处于性别分化前期，个体小，低药剂量即可起作用。

（2）药物制备方法　在蝌蚪的饲料中，拌入在兽药店购买的甲睾酮，按说明书上所需剂量配制。方法是：将100毫克甲睾酮研成粉末，溶于95%的酒精中（约30毫升），然后与5千克饲料拌匀，阴干备用。

（3）投喂方法　7~10日龄蝌蚪，每尾蝌蚪体重约0.5克，每万尾约5千克，每天投喂200克上述拌药饲料，上午9：00前分2~3次投喂。随着蝌蚪的长大，每3~5天适当调整一次投喂量，连续投喂20天，即可停药，改投未拌药的饲料。

（4）适量加注新水　用药阶段要注意水质变化，水质不可过肥，因此要适当加注一些新水，这样既可保证蝌蚪都能吃到药饵，又可防止浮头死苗。对于用小池培育蝌蚪的情况，应适时分池稀放。

按上述方法培养，蝌蚪变态成幼蛙后均成为雄性苗种，即雄性率可达100%。青蛙单性种苗的培育技术，仅适用于培育商品青蛙的种苗，不可用于培育后备青蛙亲本，因为这种方法得到的青蛙不具备繁殖能力。

第五章

第五节 青蛙的繁殖

用来繁殖的种蛙，在繁殖季节到来之前就必须对其进行科学的饲养管理，以保证种蛙体质健壮，繁殖力强，生产出高质量的后代，从而提高养殖效益。

一、种蛙的培育

1. 场地清理与消毒

根据青蛙习性，种蛙池应建在安静、弱光处，池底铺垫卵石或石块以构成的石穴，移植水草，建造青蛙仿生态栖息环境。在种蛙放养前，要清理放养池、饵料台和整理陆地活动场所，清理后的放养池和饵料台要进行消毒，以杀灭细菌、病毒、寄生虫等。3~5天待毒性消失后，注入日晒曝气水，以池边水深8~10厘米为宜，水质清新，pH在6.5~7.8之间，保持微流水。

2. 放养密度

配种要挑选不同地域的青蛙，避免近亲配对。将同期发情的雌雄蛙按1：1的比例，投放密度为5~10米^{2}产卵池投放10~20对。雄蛙不宜过多，以免相互争斗，不仅影响雌蛙的正常发情产卵，还会与雌蛙争抢饲料和空间，造成雌蛙缺食和活动空间不足。

3. 饲料投喂

种蛙以投喂配合饲料为主，适当搭配蚯蚓、黄粉虫、蝇蛆、昆虫等动物性饵料。5~9月生长旺季，摄食量占全年的80%。4月是青蛙发情产卵高峰期，摄食量减少，产卵后食量又会增大。因此，必须保证饲料供应，投喂量为青蛙体重的5%~7%，以投喂2小时后吃完为宜。投料时间一般在18：00~19：00，每天投喂1次，定点投喂并密切观察。

4. 日常管理

1）每年4~5月我国南方属梅雨季节，应防止饲料霉变，投喂量依实际情况而定，以饲喂2小时吃完为宜；如果不到2小时饲料被全部吃光，说明投喂量小，应适当增加投喂量，以防止种蛙争食而相互残杀。

2）保持水温恒定和水质清新，保持缓流水或定期换水，每周换水1~2次，更换水体的1/4~1/3。随时清理池内杂物，以免水质变坏。

3）观察种蛙的生活情况，发现病蛙及时诊治，也可进行药物预防，以免疾病传播造成损失。

第五章

4）越冬期注意保暖，在种蛙池表层加盖所料薄膜或稻草，以提高蛙池温度。

二、产卵和受精

一般在每年的 3 月底至 4 月初，当气温达到 16~20℃时，遇到晴好天气，种蛙开始自由抱对，它们喜欢安静的夜晚，当雌蛙听到雄蛙洪亮的鸣叫声，就会向雄蛙靠拢。抱对的种蛙不会走远，一般正常情况下，3~4 天就会产卵。气温较低时，要 5~8 天，甚至 10 天以后才会产卵。产卵前，种蛙会事先在巢四周寻找最佳的产卵位置，一般会在早上 5：00~6：00，或中午 11：00~13：00 产卵。

经验

每年 3 月上旬，种蛙池即可灌水，逼迫种蛙从洞穴中出来，提早交配繁殖，抓住第 1 批的蝌蚪孵化。此时，关注寒潮天气，种蛙池提前排干池水，刺激种蛙进洞越冬避寒，防止冻伤。以后接下来就是第 2 批、第 3 批，要巧避寒潮。

由于是体外受精，整个产卵过程有时只有 3~5 分钟，有时会持续几个小时。产卵后，雄蛙会立即走开，而雌蛙肚子明显变小。刚产出的卵块，形状很散，产卵后 1 小时，才能捞出卵块，此时卵块为圆形或方形。如果产卵过程受到惊扰，卵块会变成两截。一般 2 年以上的种蛙，平均产卵 2000 粒。

青蛙自然产卵、受精过程的完成，必须借助雌、雄蛙拥抱配对。抱对可刺激雌蛙排卵，否则即使雌蛙的卵已成熟也不会排出卵囊，最后会退化、消失。抱对还可使雄蛙排精与雌蛙排卵同步进行，使受精率提高。因此，抱对对青蛙的产卵和受精极为重要。

在繁殖期，应该保持种蛙池环境安静，光线好，不让外来人惊扰，水面不放任何水草或其他杂物，池水深度在 20~30 厘米即可，当雌蛙达到性高潮时在下面排卵，雄蛙立即向卵粒射精，受精卵粒成团沉入水底，5 分钟后卵粒吸水膨胀，慢慢浮于水面。青蛙多于清晨产卵，所以，应在早晨巡池收集卵块。

1. 亲本抱对

性成熟的雌、雄种蛙到了繁殖期即开始抱对繁殖。不同的品种在不同的气候与饲养管理条件下，青蛙抱对产卵的时间和次数会表现出较大的差异。例如，种蛙在长江中下游地区越冬期间进行保温培育，比自然状态下越冬可提早1~2个月抱对、产卵，如湖北江汉平原的青蛙可在3月上旬即开始繁殖。在气温较低的自然环境下，青蛙每年只抱对产卵1次；而在气候温和的四川盆地，青蛙每年有2个抱对产卵相对集中的高峰，第1次在4~5月，第2次在8~9月。一般地，当气温上升到20℃以上时（不同气候的地区，其时间不同），青蛙就有发情的一些表现，说明很快就会抱对产卵。

雄蛙总是比雌蛙提早1~2周发情，开始频繁发出叫声，并且这种叫声在性成熟的雄蛙间此起彼伏。雌蛙未发情时，拒绝雄蛙的抱对。卵子成熟的雌蛙会响应雄蛙的鸣叫，并发出呼应叫声，或依恋于雄蛙左右。此时，雌雄青蛙间喜欢聚群，在水面互相追逐，直至雄蛙跳上雌蛙背上和雌蛙抱对。

抱对时，雄蛙跨骑在雌蛙的背土，用前肢第1趾的发达婚垫，夹住雌蛙的腋部。抱对多在傍晚和凌晨进行。抱对过程少的需要数小时，多的则需要2~3天才能完成。其间雄蛙拥抱、匍匐于雌蛙背上，并用前肢做有节奏的松紧动作，诱发雌蛙将卵排出。雌蛙排卵时除臀部外，其余部分完全沉浸于水中，后肢伸展呈"八"字形，腹腔借助腹部肌肉和雄蛙的搂抱进行收缩产卵。通常是雌蛙产卵，雄蛙则同时排精，并用后肢做伸缩动作拨开刚排出的卵子，使之呈单层薄片状漂浮于水面，完成受精过程。受精卵外面有层卵胶膜包裹，以利于胚胎安全发育成蝌蚪，并使单个卵粒黏结在一起，分散平铺成单层，构成卵盘，产卵的数量可因青蛙的不同而异。

产卵亲蛙通常产完卵才分开。抱对的种蛙不宜受惊扰，应保持安静环境，避免抱对中断而不能排卵，这样蛙卵就会在输卵管和泄殖腔中滞留时间过长，造成蛙卵过熟，过熟卵的胶膜浓缩成团状，不能分散，很难产出，即使产出后也呈团状，完全不能受精，形成死卵。

2. 人工催产

在一般情况下，气温若稳定在20℃以上，达到一定成熟度后，青蛙便会自然产卵。如果遇到恶劣天气，青蛙会出现延迟产卵或不产卵的现象，这样会使产卵期延长，不利规模化繁殖蝌蚪。为了克服自然产卵繁殖的不足，可以辅助以人工催产的办法来解决这些问题。下面介绍具体方法。

（1）天气的选择 选择天气晴朗，持续时间在5天以上，水温稳定

在18℃以上，即可开展人工催产。人工催产避开连续的阴雨天气。

（2）催产药物　目前市场上供应的催产药物主要有鱼用绒毛膜促性腺激素（HCG）、促黄体生成素释放激素类似物（LRH-A）、地欧酮（DOM）、鱼类复合催产激素（RES），还可选择使用鲤鱼脑垂体（PG）。

（3）雌蛙催产剂量

1）雌蛙。HCG 1000IU（IU 为国际单位）/千克，或 HCG 1000IU+LRH-A 50 微克/千克，或 RES 10 毫克/千克+LRH-A 30 微克/千克，或DOM 5 毫克/千克+LRH-A 30 微克/千克，或 PG 4 个/千克+LRH-A 100 微克/千克。

2）雄蛙。催产剂量为雌蛙的1/2。

（4）催产药物的配制　先将所有催产器具煮沸消毒 15 分钟，然后将计算好的催产药物倒入研钵中，经反复研磨，呈粉末状，加入 0.6%生理盐水量进行溶解，最后每只雌蛙注射 1 毫升、每只雄蛙注射 0.5毫升。

（5）注射方法　注射部位为臀部肌肉或腹部皮下，注射器为 5 毫升、10 毫升的玻璃注射器，针头规格为 6 号、7 号。注射药剂时需要 2人配合（图 5-2）。首先，一人将注射器装配好，抽取一定量的催产剂溶液，针头垂直向上，排尽注射器内空气；另一人用一只手控制住蛙的头背部，用另一只手抓住蛙的后肢，使其腹部朝上往头部方向倾斜，让蛙的内脏及卵巢向头部移动。注射方法有两种：一种是采用臀部肌内注射，

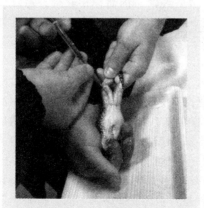

图 5-2　青蛙的注射方法

青蛙催产剂
注射方法

注射器针头与蛙体成45°夹角，用力刺破皮肤进针1.5厘米；另一种是采用腹部皮下注射，水平方向进针，用力刺破表皮后进针2.5厘米。抽针时用棉签蘸碘酒轻轻按住针孔以免药液外溢，再将催产后的青蛙放入产卵池待产，并清洗、收拾好催产工具。

（6）注意事项　选择成熟的雌蛙是催产成败的关键。一般雄蛙发情要比雌蛙提前10天左右，当发现雄蛙发情鸣叫，且雌蛙腹部膨大明显下垂时，即可进行人工催产。催产后，若种蛙在注射催产药物半小时后，体皮肤颜色变黑，说明催产有效应，即可按1∶1配比放入产卵池中。水温在24~28℃条件下，种蛙在40~48小时开始抱对产卵，在产卵前2小时左右，可从蛙的体侧观察到卵粒跌落体腔，表明人工催产成功。

3. 人工授精

人工催产的雌蛙，一般是让其与雄蛙抱对后自然产卵受精，也可以通过人工授精的方法，使成熟的卵子和精子结合，完成受精过程。人工授精需要对雄蛙宰杀获取精巢，这不利于资源保护，生产中较少采用。

人工授精一般在药物催产后25~30小时，通过挤压雌蛙腹部能排出卵子时进行。

（1）制备精液悬浊液

1）宰杀雄蛙，再用剪子和镊子剖开其腹部，取出精巢。

2）将精巢轻放在滤纸上，用镊子剔除粘在精巢上的血液和其他结缔组织。

3）把处理完毕的精巢，放入经消毒的研钵中碾碎，每对精巢加入10~15毫升0.6%生理盐水或10%林格液稀释，静置10分钟，即制成精液悬浊液，待用。

（2）挤卵授精

1）挤卵方法。由两人配合完成，其中，一人抓住雌蛙，使其背部对着右手手心，手指部分刚好在其前肢后面圈牢蛙体。另一人抓住后肢，使其伸展，然后用左手从蛙体前部向后部轻施压，并逐渐向泄殖腔方向移动，蛙卵即可顺利从泄殖孔中排出。

2）授精操作。将雌蛙成链球状的卵带，挤入盛有刚配好的精液悬浊液的瓷碗中，边挤边摇动器皿，或用羽毛等柔软物品轻轻搅拌，促使精液与精卵充分混合，完成授精。水温在20~28℃时，授精率最高。水温低于18℃或高于30℃时，授精率都会降低。观察蛙卵是否授精，一般在人工授精1小时后，如卵已授精，则呈黑褐色的动物极自动转向上方，而植物极则转向下方。如果卵粒无变化，则说明没有授精。

三、人工孵化

人工孵化是指青蛙受精卵在孵化池中，从有丝分裂开始，到出膜成为蝌蚪的过程。不同的养殖规模，对孵化池的要求不一。产量在1000万只蝌蚪以上的养殖场，需要建造专门的孵化池；蝌蚪产量在100万只的，可用简易水池、水缸或塑料盆等即可完成孵化工作。

1. 孵化池的建造

孵化蛙卵可用水泥池、土池或网箱。可以因地制宜，按孵化量就地选用。孵化池应选择在背风向阳、水源充足的地方，面积比种蛙池的面积要小，水泥池面积一般以 $2\sim10$ 米^2 为宜，土池面积为 $10\sim20$ 米^2，但个数要多，池深 $30\sim50$ 厘米，水深 $10\sim20$ 厘米。要求建好进排水系统（图5-3）。

图5-3 孵化池

2. 孵化前的准备

首先清理孵化池内的杂物及淤泥，用清水冲洗干净后，对孵化池进行消毒处理，待毒性消失后，在池内注入经光照和曝气的水，水底铺垫10厘米厚的沙，水深 $15\sim20$ 厘米。池水不宜深，否则沉入水底的受精卵会因缺氧而死亡。池水过浅时，会因日晒使水温过高，影响孵化率。根据具体情况，可在孵化池上方搭建棚室，以控制光照和水温。一般将孵化温度控制在 $18\sim24℃$。保持缓流水状态，使水质清新、水温相对稳定，溶解氧充足。在孵化池内移植适量的水花生、凤眼蓝等水草，以水草不浮出水面为宜，可用以支撑卵块，防止卵块下沉或缠绕造成缺氧窒息。孵化池四周用聚乙烯纱布围栏，防止鱼、蛇、鼠及水生昆虫等进入孵化池。

3. 蛙卵收集

如果发现种蛙池有成团的卵粒，应及时从种蛙池捞出，以免被种蛙把蛙卵搅散，影响孵化。

（1）收集时间　收集蛙卵应在每天黎明时进行，中午和傍晚还要检查种蛙池、收集剩余的蛙卵。因为蛙卵多黏附在水生植物茎叶上，因其快速生长可在数分钟内将受精卵顶出水面，被太阳光晒枯晒死。卵在排出后，经孵化酶2~4小时的作用，胶质膜逐渐变软，失去弹性，浮力减小，如果卵块没有水草附着，也没对水体增氧，那么，卵块就会沉入池底，最终因缺氧而死亡。因此，蛙卵收集宜早不宜迟。

（2）收集工具和方法　将卵块所附着的水草一起剪断，立即用水瓢、水盆或水桶，将卵块带水一同移入孵化池（图5-4）。不可用手抄网捞取。收卵和运输时，应小心仔细，避免卵粒受伤。卵块要顺其自然状态，不能颠倒放置。也就是受精卵的动物极在上方、植物极在下方，两极的方向不能颠倒。动物极有深黑色的色素冠，约占蛙卵表面的3/5；植物极为白色斑点状，清晰可见。如果卵块过大，容器较小，还可将卵块用剪刀分成几小块，以方便操作。

图5-4　水桶收集蛙卵

（3）蛙卵质量鉴别　成熟卵，卵盘分布均匀，吸水膨胀快，浮于水面，卵粒大小整齐、卵径较大，动物极呈青黑色、有光泽，受精率高。未成熟卵，卵盘分布不均，卵径较小，光泽度差，或卵粒吸水不分开、呈大团状，受精率低。过熟卵，呈暗灰色，无光泽，胶质黏性差，沉于水底，受精率低。

4. 蛙卵孵化

（1）布卵 当蛙卵从种蛙池分离出来后，应放在孵化池或孵化网箱里面进行专业孵化，放蛙卵时应小心轻放，不可让蛙卵翻面，也不要让每一窝蛙卵相互挤在一起，应窝与窝之间分开孵化为好，如果相互挤在一起，死掉的卵粒会分解毒素毒死其他刚孵化出的小蝌蚪，有条件可用纱窗做成小网或网格放在孵化池里分窝孵化效果更好，当然也可采取其他方式分窝孵化（图5-5）。

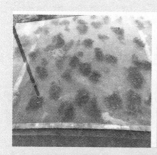

图5-5 布卵

（2）孵化密度 如果是采用专业的孵化池或孵化网箱孵化，孵化后不久会转入蝌蚪池培育，时间较短，孵化密度可大一些，一般每平方米水面可放蛙卵6000~8000粒。如果是采用孵化网箱，由于网箱透水性好，箱内外水体也能交换，孵化密度可提高到1万~2万粒/米²，若用土池孵化或水泥池孵化

蛙卵孵化

（即在同一池中直接转入蝌蚪培育的），放卵密度不宜过大，以2000~5000粒/米²为宜，以后逐步分散到200~500尾/米²蝌蚪为宜。如果水源不是很好，最好保持在200尾/米²为内，孵化密度与孵化率一般是成反比，密度越大，孵化率就越低，反之，密度低孵化率就高。

（3）孵化时间与水温 孵化时间长短，也是跟温度成反比，水温越高，孵化时间就越短，但孵化池的水温也不能过高，野生青蛙的蛙卵水温在8℃以上就能孵化出小蝌蚪，一般在15~22℃孵化效果最好。要求水温一般不能超过28℃，超过这个温度，蛙卵就会出现畸形或死亡。如果是在早春产卵，水温一般都很低，这时候可选择在室内做一个简

易升温设备进行孵化，效果更好，但一定要注意水质，要不然刚孵化出的小蝌蚪很容易死亡。为了提高早春产卵的孵化效果，除了在室内孵化外，在修建孵化池时，也应该选择向阳背风，日照时间长的地方建池为好。

（4）水深调控 初期孵化池或孵化箱的水深可以适当浅一些，一般保持在10~20厘米即可，这样能增加水温，利于卵的孵化；孵化出蝌蚪后，应渐渐加深水位，可达50~60厘米，增加水体水量，能有效恒定水温，有利于蝌蚪的生长发育。

（5）孵化水质 孵化期，一定要保持好水质，如果水质败坏，不但影响孵化率，而且刚孵化出的蝌蚪也很容易死亡，解决办法：一是降低孵化密度；二是有条件的可以采用微流水刺激的方法，但水流一定要缓，不要太急，冲散卵块会影响孵化。

（6）孵化期的管理

1）同期管理。同一天产的蛙卵，应尽量放进同一孵化池或孵化箱内，如果孵化池太少，一般可将不超过3天的蛙卵可以放在一起孵化，最好把不同时间产的卵分开孵化，如果放在一起孵化，因为不同时期产的卵孵化出的时间也不一样，蝌蚪的生长速度也不一样，如果是时间差异太大，最早孵出的蝌蚪会把后期放进的蛙卵吸吮掉。

2）过程管理。在孵化过程中，避免搅动水体和其他人为性的把蛙卵弄散，加注新水时流量要小，不要冲动卵块。清除网箱杂物要小心细致，防止胚胎或刚出膜的蝌蚪受损。时刻防止卵块或蝌蚪堆积死亡。如果发现有堆积现象，可以用光滑的小棒轻轻拨开卵块。死掉或坏烂的蛙卵应及时清除。

（7）孵化管理

1）统计受精率。做好受精情况记录，积累经验。在25℃条件下，卵入水2小时便可加以区分，一般受精卵呈油黄色、透明，未受精卵则发暗、浑浊不透明。12小时后，受精卵中央黑点明显，未受精卵呈不透明的粉斑。

2）过程监管。水源清新，pH在6.5~7.8之间，水深15~20厘米。采用微量流水孵化，不得翻动卵块。水温控制在20~28℃，5~7天可孵化出蝌蚪。在高温季节孵化时，应在孵化池上方搭设遮阳棚，防止太阳直晒造成孵化池水温过高。

（8）蜕膜和出苗 青蛙胚胎发育至心跳期，胚胎即可孵化出膜，即孵化出蝌蚪，这一过程叫蜕膜。刚孵化出的蝌蚪幼小体弱，不会摄食，靠吸收卵黄囊生长，游动能力差，主要依靠头部下方的吸盘附着在水草或其他物体上。所以，刚孵出的蝌蚪不宜转池，也不需投喂饵料，更不可以搅动水体影响栖息。蝌蚪孵出3～4天后，两鳃盖完全形成即开始摄食，自此可以投喂蛋黄浆、豆浆或蛋白质粉料，还可以补充单细胞藻类、水蚤类、草履虫等辅料。

蝌蚪孵化出的10～15天，即可转入蝌蚪池饲养或出售，即出苗进入蝌蚪培育阶段。

四、提高孵化率的措施

1. 种蛙质量好

雌蛙、雄蛙来源广泛，血缘关系远，没有疫病流行记录；雌雄比例不低于1∶1，雄种蛙可少量增加。种蛙年龄在2～3龄，生育力强，精子和卵子活力强，后代体质好。

2. 水温适宜

水温是影响青蛙胚胎发育的主要因素，水温在20～28℃胚胎都能正常发育，孵化时间随温度的升高而缩短，即温度越高，发育速度越快。水温低于18℃或高于30℃，会形成畸形胚胎。水温低于15℃或高于35℃，则胚胎不能正常发育。

长江中下游一带，青蛙一般在3月底开始产卵，4月上、中旬进入产卵高峰期。这段时间气候多变，要使环境温度保持在最适孵化温度是困难的，因此，在繁殖季节，特别是繁殖早期，宜在孵化池上放置保温材料，如塑料顶盖，以避免夜晚和寒潮的低温影响，保证孵化水温维持在25℃左右，遇气温高的晴天，可在中午前后取下塑料顶盖，以免温度过高。在炎热的夏季孵化青蛙，宜对孵化池采取遮阳等措施，以防水温过高。

3. 水质清新溶氧量高

孵化用水要求洁净，pH在6.5～7.8之间。池塘、江河、水库等水源均可作为孵化用水。不宜使用自来水，含氯水源对受精卵有杀伤作用。

青蛙的胚胎发育是在水中进行的，其呼吸作用是通过卵膜与水体进行气体交换来实现的，其发育的各个时期，对溶解氧的需求也是不同的。在蝌蚪孵化出以前，水中溶氧量应保持在3.4毫克/升以上，如果低于2毫克/升，胚胎就不能正常发育，甚至死亡；低于1.2毫克/升，胚胎完

全停止发育而死亡。自蝌蚪孵化出至鳃盖完成期以前，水中溶氧量应保持在 5 毫克/升以上。孵化时，应使卵块浮于水面，防止其沉入水底，以确保胚胎发育所需的氧气和光照条件。保证孵化中的胚胎接受自然光照，这有利于胚胎的正常发育。

4. 避免机械刺激

刚产出的蛙卵吸水后卵膜会膨胀，并变得脆弱、弹性差，卵块容易黏结成团，卵块受到震荡或摇动等机械刺激都会使正在发育的胚胎受到损伤，还会导致胚胎畸形从而降低孵化率。所以，在转移受精卵或胚胎时要使用器具带水操作，轻取轻放。

5. 清除敌害

在孵化过程中的青蛙胚胎，易被野杂鱼、牛蛙、蟾蜍、蛇、鼠、水生昆虫等有害生物所吞食，因此，应特别注意防范。

第六章　青蛙的营养与饲料

第一节　青蛙的营养

　　青蛙在生长发育过程中，需要蛋白质、脂肪、碳水化合物、维生素和无机盐5类营养物质。

一、蛋白质

　　蛋白质是青蛙机体的构成成分之一，细胞分裂、酶和激素的生理功能都与蛋白质有密切关系。青蛙对蛋白质的需要量与其生长发育阶段、个体大小、年龄、环境条件及养殖方式和技术等有关。一般来说，蝌蚪对蛋白质的需要量低于成蛙和幼蛙，这与其食性特点相吻合。青蛙变态后，个体幼小的青蛙，潜在的增重能力强，对蛋白质的需要量较成熟个体高。据有关研究报道，幼蛙对蛋白质的需要量比陆生动物高，比肉食性鱼类低，与杂食性鱼类相近，最适范围为30.9%~37.3%。

　　构成蛋白质的氨基酸有20多种，其中赖氨酸、蛋氨酸、胱氨酸、苏氨酸、异亮氨酸、组氨酸、缬氨酸、亮氨酸、精氨酸、苯丙氨酸、甘氨酸等11种氨基酸是青蛙不能自己合成的，又是其生长、育肥和发育所必需的，必须从饵料中获取。一般地说，动物性饵料中氨基酸的组成比较齐全，而植物性饲料中氨基酸的组成不齐全，缺乏青蛙所必需的氨基酸。

二、脂肪

　　脂肪广泛存在于青蛙体内各组织中，尤其是脂肪体中，是青蛙营养物质的一种贮存形式。其中，脂肪体中贮存的脂肪在青蛙的繁殖和冬眠过程中对维持体温有着重要作用。脂肪在青蛙体内分解、利用的过程中，可形成至少7种垂体激素及其他内分泌腺所分泌的各种物质，因此，脂肪对青蛙的生长与繁殖是必不可少的营养物质。一般饵料中所含的粗脂肪可满足青蛙的需要。

三、碳水化合物

碳水化合物是青蛙热能的主要来源，包括淀粉、糖类和纤维素等。淀粉和糖类易于被青蛙吸收、利用。蝌蚪的肠道中有纤维素酶，能将纤维素分解为单糖并加以利用，而变态后的青蛙因缺乏纤维素消化酶，不能利用纤维素。青蛙饲料中淀粉的适宜含量为 7.82%。

四、维生素

绝大多数维生素是辅酶和辅基的基本成分，是青蛙生命活动必不可少的。青蛙体内缺乏某种维生素便会造成某些酶的活性失调，导致新陈代谢紊乱，从而影响青蛙某些器官的正常机能，而引发某些营养不良疾病。由于各种维生素的作用不同，在新陈代谢中所起的作用也不同，所以由于缺乏不同的维生素所产生的疾病也就不同。例如，青蛙的烂皮病就是因为饲料中长期缺乏维生素 A；缺乏维生素 E 的青蛙就会发生肌肉萎缩、后肢麻痹等病症。

五、无机盐

无机盐是构成青蛙机体组织的重要成分之一，是维持机体正常的生理机能不可缺少的物质，也是酶系统的重要催化剂。缺乏无机盐类就会产生许多明显的缺乏症。例如，缺乏钙、磷，青蛙就会发生软骨症。

以前青蛙养殖多采用天然饵料，即便采用人工配合饲料也只是作为天然饵料的补充，因此，对其中适宜的各种营养成分的需要量知之甚少。如果完全采用人工配合饲料，则不仅蛋白质、氨基酸、淀粉含量要适宜，而且还要注意脂肪、各种无机盐和维生素的含量配比合理。

第二节 青蛙的饲料

一、蝌蚪的饲料

蝌蚪的生理结构、食性与鱼苗相似，用鳃呼吸，用鳃耙过滤食物。在自然条件下，蝌蚪主要摄食水生植物、水生动物和人工饲料。

(1) 水生植物 甲藻、绿藻、蓝藻、颤藻、黄藻、芜萍等。

(2) 浮游动物 轮虫、枝角类、桡足类、水蚯蚓、摇蚊幼虫等。

(3) 有机物 有机碎屑。

(4) 人工饲料 豆浆、鱼苗开口料、其他粉料等。

二、幼蛙的饲料

青蛙变态后的幼蛙和成蛙的食性不同于蝌蚪，喜食鲜活的、运动的

第六章

食物。幼蛙与成蛙对饵料的要求不同之处是：幼蛙的口较小，不能吞食大的食物，而成蛙的口较大，能吞食较大的食物。根据文献记载，变态后青蛙的食物有蚯蚓、螺类、蜗牛、蜘蛛、马陆、蝇蛆、水蚤、黄粉虫及多种昆虫等。

可见，青蛙在自然条件下生长发育，其喜食的饵料十分丰富。但在人工养殖条件下，尤其在高密度精养的情况下，天然饵料不足，而变态后青蛙喜食活动中的饵料。因此，如何满足青蛙对饵料的要求，就成为人工养殖青蛙最关键性的技术问题。

三、成蛙的饲料

成蛙的饲料与幼蛙相似，但在规模化生产中，主要以人工配合饲料即颗粒饲料为主，辅助以活饵料。近几年青蛙养殖业快速发展的主要原因就是青蛙人工驯化的成功，使用网状饵料台，滚动的颗粒饲料类似于有生命的活饵料，诱导青蛙摄食，这一点起到了关键性的作用。人工饲料大大降低了养殖成本，这是青蛙人工养殖成功的关键因素。

四、天然饵料

自然界存在的各种水蚤、水蚯蚓、蚯蚓、蜗牛、小鱼、小虾、田螺等动物，都是青蛙的天然饵料。其中一些种类是有益动物，要谨防过量采集，其他种类可采用各地惯用的方法收集，如灯光诱蛾，天然鱼虫和水蚤的采集等。

飞蛾类是青蛙的高级活饵料。波长为 0.33~0.4 微米的紫外光对飞蛾而言，具有较强的趋向性。而黑光灯所发出的紫光和紫外光，一般波长为 0.36 微米，正是飞蛾最喜欢的光线波长。可利用这一特点，用黑光灯大量诱集蛾虫。根据试验和实践表明，在青蛙养殖池中装配黑光灯，利用发出的紫光和紫外光引诱飞蛾和昆虫，可以为青蛙增加一定数量廉价优质的鲜活动物性饵料，促进它们的生长。另一方面，该方法诱杀了附近农田的害虫，有助于农业丰收。

据报道，黑光灯所诱集的飞蛾种类较多。飞蛾出现的时间有一定的差别，在 7 月以前，多诱集到棉铃虫、地老虎、玉米螟、金龟子等；7月气温渐高，多诱集金龟子、蚊、蝇、蛄、蚋、蝗、蛾、蝉等；从 8 月开始，多诱集蟋蟀、蝼蛄、蚊、蝇、蛾等。

据观察，1 盏 100 瓦的黑光灯在一夜可以诱杀飞蛾数万只。这些虫子掉进池塘里，可直接为青蛙提供大量蛋白质丰富的动物性鲜活饵料，

不仅减少人工投饵，而且青蛙在争食昆虫时，游动急速，跳动频繁，可促进青蛙的新陈代谢，增强青蛙体质和抗逆性，减少疾病的发生，对青蛙的生长发育有良好的促进作用，同时还有利于保护周围的农作物和森林资源。1盏20瓦的黑光灯，开关及时，管理使用得当，每天开灯3小时，1个月耗电量为1.8度（1度＝1千瓦·时）。

五、配合饲料

1. 确保青蛙营养需要

青蛙在不同生育阶段、饲养方式和环境条件下，对营养有不同要求。据研究，蝌蚪用蛋白质含量33.19%、粗脂肪含量1.75%的配合饲料饲喂，效果最好（蝌蚪变态早，变态后的个体大）。变态后的青蛙，以蛋白质含量32.5%~35%、粗脂肪含量2%~3%、粗纤维含量2.8%~3.8%的配合饲料为优（另添加微量元素0.5%、维生素0.5%）。青蛙在不同条件下的营养需要尚待进一步研究。

近几年，市场上各种品牌的青蛙配合饲料不断出现（图6-1）。

图6-1 青蛙配合饲料

注意　青蛙的饲料对蛋白质要求高，营养要全面，小作坊自制饲料达不到要求，应购买有资质的饲料厂的全价饲料，青蛙才会个大、体肥、价钱好。

2. 做到营养物质全价平衡

配合饲料不仅要考虑蛋白质含量，还要看各种氨基酸、维生素、微量元素的组成和含量。

3. 使用廉价原料

在满足青蛙营养需要的前提下，应尽量选用价廉、来源广的原料，如豆粕、菜粕、玉米粉等。

4. 注意青蛙的适口性

选作配合饲料的原料，不仅要看其营养价值和经济价格，还要考虑青蛙的食性特点。为提高配合饲料的适口性，可添加青蛙的嗜好性食物或物质。

5. 不使用变质发霉的原料

配合饲料中不能使用发霉变质的原料，也不能含有有毒物质。

6. 适合青蛙摄食习性

蝌蚪的配合饲料最好为粉末状，饲喂时直接撒在水面。变态后的幼蛙和成蛙的配合饲料都必须做成颗粒状，颗粒大小以适合口的形状，以一口即能吞食为宜。幼蛙、成蛙以膨化颗粒饲料为宜。这种饲料可直接撒在水面上，浮于水面且适口，有利于青蛙摄食与消化。此外，膨化颗粒饲料有较好的保型性，在水中保持较长时间不破裂，减少了对水体的污染和饲料浪费。

膨化颗粒饲料的生产方法是将人工配合饲料的各种原料加工成粉末状（新鲜材料加工成浆状），混合后搅拌均匀，然后加入黏合膨化剂（如淀粉、甘薯粉等），用量以能使原料达到黏合即可，再加入适量冷水，搅拌成团，用饲料机加工成颗粒饲料或膨化饲料，干燥（日晒或烘干）后保存或直接投喂。

六、饲料的种类及加工方法

无论哪种加工方法，均需将原料粉碎，过 50~60 目筛（孔径为 0.25~0.3 毫米），计算复合维生素和微量元素的添加量，用玉米粉或大麦粉作为载体，并与其他品种饲料均匀搅拌或于饲料机内搅拌均匀。如果是粉料加工，则可装袋密封备用，如果是制备颗粒料，则需进一步加工，一般贮料时间为 7 天，粉料如需长时间保存，则需防潮、防晒，并加入防霉、防氧化剂，同时也可加入喹乙醇、土霉素等，既促生长，又起到防病作用。

1. 粉料

粉料一般用于蝌蚪的饲喂，但粉料无漂浮性，易沉底，当大量沉积于池底时，易使水体变质。因此，一方面要计算用量，另一方面要使用喂食盘。喂食盘以浸入水中 5~10 厘米为宜，既防止饲料迅速沉底污染水体，又易于清除剩余料。

2. 颗粒料

将各种粉碎后的原料及添加剂加入黏合剂和适量水，制成团状，切块上笼蒸 30 分钟左右取出冷却，然后搓散成颗粒状，或用制颗粒机制成颗粒状，投喂蝌蚪、幼蛙、成蛙。需要风干贮存，装袋备用（但保存时间不宜超过 1 个月，以免变质）。如在陆地场所喂料，用时先用水浸湿方可利用，以免引起青蛙消化不良或胀肚。如是水中撒食，要用喂食台，以免沉入水底，造成浪费和水体污染。

3. 膨化颗粒料

此法制成的颗粒料，由于膨化作用，相对密度小于 1，可较长时间漂浮于水面，减少对水质的污染，故可用于各龄蝌蚪及成蛙的水中投食。另外，因其可随波漂动，造成饲料的活动感，可促进成蛙摄食。这种饲料的加工需要膨化机。首先，将各种粉碎并掺和在一起的原料加添黏合剂和水，湿度一般在 20% 左右，待均匀搅拌后捏成团状并放入膨化机膨化，然后制成颗粒状并风干备用。一般幼蛙食用颗粒的直径为 0.2 厘米左右，成蛙食用颗粒的直径为 0.5 厘米左右（彩图 12）。

4. 人工配合饲料的造粒要求

1）配合饲料配方中蛋白质含量要求在 40% 以上。

2）膨化颗粒饲料要求能浮于水面 6 小时不散，沉性颗粒饲料必须软化以适应蛙的吞咽能力。

3）蝌蚪的饲料颗粒直径要求小于 1.5 毫米，长度大于 4 毫米，而成蛙圆柱形浮性饲料的直径为 6~8 毫米，长度为 30 毫米。沉性饲料可稍大一点。

随着青蛙人工养殖业的发展，因青蛙的天然饵料来源有限，容易腐败变质难以保存，正逐渐被全价配合饲料所取代。青蛙全价配合饲料是根据青蛙不同生长发育阶段的营养需求，采用近 20 种原料加工配制而成的。

在当前水产饲料中，青蛙的饲料主要参考中华鳖的饲料来研制。青蛙饲料的原料主要有以下几种：

①鱼粉。鱼粉是饲料的主要动物蛋白质的来源，鱼粉质量决定饲料的质量。要求鱼粉鲜度好、活性因子多、脂肪含量低。鱼粉的蛋白含量高达 65%~70%，脂肪含量为 2%~5.5%，还含有大量蛋氨酸、赖氨酸等必需氨基酸，鱼香味很浓，诱食效果极佳，最适合于青蛙的生长发育

需要。

②大豆。大豆是氨基酸结构最适合青蛙营养需求的植物蛋白质来源。由于青蛙营养需求中脂肪占比较大，因此选用全脂膨化大豆作为青蛙饲料的植物蛋白质来源。

③淀粉。采用进口 α-淀粉，因为青蛙对 α-淀粉利用效果最好，同时，α-淀粉的黏弹性、伸展性、结合力、吸水性、膨润性均优于其他黏合剂。

④啤酒酵母。由于酵母中的蛋白质含量很高（50%以上），同时又富含 B 族维生素及未知促生长因子，因此，酵母是青蛙饲料中不可缺少的一种饲料原料。

⑤牛肝粉、贻贝粉、乌贼内脏粉。这类原料的口味青蛙非常喜欢，可构成青蛙饲料的引诱物。同时，这些原料的蛋白质为球状蛋白结构，易被青蛙吸收。

⑥饲料预混料。饲料预混料包括复合维生素及复合矿物盐，它们是饲料中的微量部分，但它们却起着均衡饲料营养、提高饲料效率、防治各类营养性疾病的重要作用。复合多维含有青蛙生长发育所需的所有维生素，复合矿物盐含有青蛙生长所需的常量元素、微量元素、矿物盐和有机盐等，都具有促生长、改善商品蛙品质、抗病力强、提高饲料效能的特点。

⑦EM 菌。EM 菌为一种混合菌，一般包括芽孢杆菌、乳酸菌、光合细菌、枯草杆菌等有益菌类。在饲料中拌入少许 EM 菌，可显著增强青蛙的消化吸收功能，减少消化道疾病，提高免疫力，促进健康生长。这一点近几年才引起众多养殖户的重视。

第三节 配合饲料的经典配方

一、蝌蚪饲料的配方

【配方一】鱼粉 60%，米糠 30%，麸皮 10%。

【配方二】小杂鱼粉 50%，花生饼 25%，饲用酵母粉 2%，麦麸 10%，小麦粉 13%。

【配方三】血粉 20%，花生饼 40%，麦麸 12%，小麦粉 10%，豆饼 15%，无机盐 2%，维生素添加剂 1%。

【配方四】肉粉 20%，白菜叶 10%，豆饼粉 10%，米糠 50%，螺壳粉 2%，蚯蚓粉 8%。

【配方五】蚕蛹粉 30%，鱼粉 20%，大麦粉 50%，再添加适量的维生素。

【配方六】蓝藻或颤藻 65%，蛋黄 35%，甲状腺素 3/4 片。

【配方七】鱼粉 15%，猪肝 25%，米糠 43%，菠菜 10%，骨胶 7%。

二、幼蛙饲料的配方

【配方一】鱼粉 65%，奶粉 2%，啤酒酵母 5%，α-淀粉 18%，牛肝粉 5%，香味黏合剂 2%，玉米蛋白粉 2%，复合微量元素预混剂 0.5%，多维预混剂 0.4%，EM 菌 0.1%。

【配方二】白鱼粉 67%，奶粉 2%，啤酒酵母 3%，α-淀粉 18%，牛肝粉 3%，香味黏合剂 2%，膨化大豆粉 2%，玉米蛋白粉 2%，复合微量元素预混剂 0.5%，多维预混剂 0.4%，EM 菌 1%。

【配方三】鱼粉 52%，牛肝粉 5%，啤酒酵母 5%，α-淀粉 18%，牛肝粉 5%，膨化大豆 7%，玉米蛋白粉 2%，酶解蛋白 3%，香味黏合剂 2%，复合微量元素预混剂 0.5%，多维预混剂 0.4%，EM 菌 0.1%。

【配方四】鱼粉 55%，牛肝粉 5%，啤酒酵母 5%，α-淀粉 18%，膨化大豆粉 4%，复合骨粉 2%，蚌肉粉 3%，玉米蛋白粉 3%，蚕蛹粉 2%，多维预混剂 0.5%，香味黏合剂 2%，复合微量元素预混剂 0.4%，EM 菌 0.1%。

【配方五】鱼粉 56%，奶粉 2%，α-淀粉 15%，蛋白淀粉 8%，玉米蛋白 5%，血球蛋白 2.2%，酶解蛋白 3%，啤酒酵母 6%，多维预混剂 1%，磷酸二氢钙 0.8%，复合微量元素预混剂 0.8%，EM 菌 0.2%。

【配方六】鱼粉 51%，牛肝粉 5%，α-淀粉 15%，蛋白淀粉 8%，玉米蛋白粉 5%，血球蛋白 2.2%，酶解蛋白 5%，啤酒酵母 6%，多维预混剂 1%，磷酸二氢钙 0.8%，复合微量元素预混剂 0.5%，EM 菌 0.5%。

三、成蛙饲料的配方

【配方一】白鱼粉 60%，牛肝粉 5%，啤酒酵母 5%，香味黏合剂 2%，α-淀粉 18%，膨化大豆粉 5%，玉米蛋白粉 3%，复合微量元素预混剂 1%，多维预混剂 0.8%，EM 菌 0.2%。

【配方二】白鱼粉 49%，牛肝粉 5%，啤酒酵母 4%，α-淀粉 18%，牛肝粉 5%，血球蛋白 3%，膨化大豆粉 5%，玉米蛋白粉 5%，酶解蛋白 3%，香味黏合剂 2%，复合微量元素预混剂 0.5%，多维预混剂 0.2%，

第六章

乳酸菌0.3%。

【配方三】白鱼粉51%，牛肝粉5%，α-淀粉15%，蛋白淀粉8%，玉米蛋白粉5%，血球蛋白2.2%，酶解蛋白5%，啤酒酵母6%，多维预混剂1%，磷酸二氢钙0.6%，复合微量元素预混剂1%，乳酸菌0.2%。

【配方四】白鱼粉60%，啤酒酵母5%，α-淀粉10%，膨化大豆粉2%，玉米蛋白粉10%，小麦粉7%，肉骨粉4%，复合微量元素预混剂1%，多维预混剂0.8%，乳酸菌0.2%。

第七章 蝌蚪的饲养与日常管理

蝌蚪的培育是指把刚孵化出膜的蝌蚪培育到变态发育成幼蛙的过程。蝌蚪具有鳃和皮肤呼吸器官，适应水生生活。其食性和摄食习性及对水温、水质、氧气等条件的要求与成蛙不同。蝌蚪的培育与鱼苗基本相似。

第一节 蝌蚪培育池条件

一、培育池种类

1. 水泥池

培育蝌蚪可在水泥池内进行。如果没有专用的蝌蚪培育池（即蝌蚪池）也可以将幼蛙池、成蛙池和种蛙池按照蝌蚪池的要求进行简单改造，便可作为蝌蚪池。蝌蚪池需具备下列条件：①水源充足，排灌方便，水质良好，不含有毒物质；②池形规整，一般每池面积可达 20~100 米^2，水深可达 20~50 厘米。

2. 土池

土池培育蝌蚪，面积一般为 10~20 米^2，水深 0.3~0.5 米，坡度为 1:4，坡度要缓，以利于蝌蚪栖息和变态后期的登陆活动。用网布做围栏设施，防止敌害入内。

3. 稻田

在稻田中开挖面积为 50~100 米^2，水深 40 厘米左右的小水坑，做好围栏网，这就是很好的蝌蚪池。

4. 网箱

在池塘和土地资源缺乏的情况下，可用网箱培育蝌蚪。网箱一般为长方体，面积为 5~10 米^2，深 0.8~1.0 米。网箱的支架用竹、木材做成，网体由聚乙烯网片缝合而成。网目的大小根据蝌蚪的日龄确定，养殖 10~15 日龄的蝌蚪，可用 35~40 目（孔径为 0.425~0.5 毫米）的网片。网箱的入水深度宜在 50~60 厘米。在网箱口加箱盖或在箱口网衣内壁缝上一层 30 厘米宽的塑料薄膜，以防幼蛙逃逸。

二、放养前的准备

1. 清池消毒

在放养前，蝌蚪池应严格消毒，新修的水泥池要用水浸泡 15 天以上才能使用。如果是用过的老池，应将水放干，清除砖石、垃圾、污泥和杂草等，要堵好洞口，防止漏、渗水等现象发生。消毒可用生石灰，每立方米水体 50~100 克，先灌好池水，然后把生石灰用少量的水在桶里溶化，趁热全池泼洒，要使全池的小杂鱼（包括黄鳝、泥鳅等）全部死掉才算消毒彻底。

2. 池水培肥

蝌蚪池消毒处理后，应及时注入新水，加水深度到 20~40 厘米，同时可用牲畜粪肥泼洒，施肥量为每 600 米^2 的水面 100 千克，也可用青草、野杂草或少量磷肥加尿素来培肥水质。要求池水的水色呈青绿色，池水透明度在 35~40 厘米。蝌蚪池水通过一些时间的光合作用，会产生大量的生物饵料，蝌蚪入池后，可摄食这些微生物饵料，促进蝌蚪快速生长。

3. 饲料准备

营养全面的饲料可使蝌蚪长得快、长得壮。在配料时要考虑到蝌蚪的营养需要和生理特点。蝌蚪期一般以动物性饲料为主，植物性饲料为辅，要求动物性饲料占 70% 左右，植物性饲料占 30% 左右，也可直接购买专用的蝌蚪粉料或鳗鱼料。

4. 清除敌害

对蝌蚪池和池水进行全面检查，为放养蝌蚪做最后的准备。检查池中是否隐藏有敌害生物，如蛇、鼠、成蛙、野杂鱼等，一旦发现应及时清除。池塘培育蝌蚪时，在放养蝌蚪前要拉一次密网，以清除敌害。

第二节　蝌蚪放养

一、蝌蚪投放

蝌蚪下池时，要做好两件事。其一是进行蝌蚪试水，试水方法是从蝌蚪池中取一盆底层水，放 10 尾左右的蝌蚪试养 1 天，如果其生活正常，说明池水无毒，蝌蚪可以下池。其二是观察池水温度是否接近孵化

池的水温，若温差超过3℃，须调节水温使之逐渐接近，让蝌蚪逐渐适应。否则，会因温差太大而导致蝌蚪死亡。

此外，蝌蚪在下池前，应喂饱，增强其体质，以提高蝌蚪入池后的觅食能力和成活率。一般每3000尾蝌蚪喂1个蛋黄，化浆泼洒。

二、放养密度

合理放养是蝌蚪变态早，幼蛙个体大、体质健壮的先决条件。大面积土池养殖蝌蚪时，为使蝌蚪长势快、肥壮，一般可采用一次性培育，即每亩放养小蝌蚪6万尾；如果是水泥池专业培育蝌蚪，则需要在水源充足，换水条件好，池水深，饲料供应充足的情况下，可一次性放养150~200尾/米^2；如果是采用分级饲养，第一次可放养2000~3000尾/米^2，当蝌蚪长到3~4厘米时候，再把它分池分级饲养。

三、饲喂方法

(1) 5~15日龄蝌蚪的饲喂　蝌蚪初摄食，一般以微小的浮游生物为主要食物。刚孵化出的小蝌蚪3~5天可以不喂食，5天之后开始投蝌蚪粉料，第1天按每万尾蝌蚪投喂20~30克粉料或豆浆，投喂的数量以2小时吃完为宜（图7-1）。

图7-1　蝌蚪摄食

向蝌蚪池泼洒豆浆及蝌蚪吃食情况

(2) 15~30日龄蝌蚪的饲喂　15日龄以后的蝌蚪已进入生长旺盛期，环境适应性增强，食性增大，除了继续施肥培肥水质，保持水性呈油绿色外，还应多投喂配合饲料，这个时期还是以泼洒豆浆或投喂蝌蚪粉料为主，一天三次，每次还是以在2小时内吃完为宜。

（3）30日龄以上的蝌蚪的饲喂　蝌蚪长到30日龄以上时，开始出现后肢，正处在变态期，食量更大。要求每天早晚投喂1次。可多投一些用粉料做成的带馅饲料和漂浮性饲料。同时，保证水的肥度，做好各项管理工作，均有利于加速蝌蚪的变态。投喂漂浮性饲料的饵料台，可用木板钉成0.5米^{2}方形或圆形即可。

蝌蚪吃带馅饲料

（4）变态后期蝌蚪的饲喂　当蝌蚪长到40~50日龄，即进入变态后期。这时蝌蚪前肢已慢慢伸出皮囊，尾部尚未完全萎缩，不吃少动，靠吸收尾部营养来维持各器官的发育。所以，这部分蝌蚪不必再投喂食物，但因同池的蝌蚪变态时间不完全一致，对于那些尚未进入变态后期的仍需要吃食，可以仍少量投食。为了变态后的幼蛙能到陆地集中驯食，这时应停止投喂漂浮性饲料，只喂少许粉料。过多投食会浪费饲料和恶化水质。

在蝌蚪放养时，不仅要注意大小分池放养和适宜的放养密度，而且在整个蝌蚪培育期间的管理工作中，还应注意：蝌蚪从孵化出膜到培育成幼蛙，需要结合大小分池放养和扩池疏散密度，分池2~3次，第二次分池在30日龄前后，第三次在50~60日龄。分养的目的是使蝌蚪的放养密度适当，避免大吃小，做到均衡生长。特别是在最后一次分养时，大部分蝌蚪长出后肢，个别的已长出前肢，根据后肢的长短和前肢长出与否进行分养，可成批获得不同规格的幼蛙。

四、蝌蚪质量鉴别

在转入蝌蚪池之前，应根据蝌蚪的大小、强弱进行第1次分群，以便分池放养。因为即使同期产出的卵在同一孵化池中孵化，因蜕膜的早晚、生长的快慢会有差异，蝌蚪会出现"大欺小、强欺弱，甚至大食小"的现象。

蝌蚪体质强弱可用以下方法鉴别：

（1）体质强　头腹部圆大，色泽晶莹，有明显的花纹。在水体中，将水搅动产生漩涡时，能在漩涡边缘逆水游动，离水后剧烈挣扎，尾能弯曲。

（2）体质弱　头腹部较狭长，颜色浅。在水中活动能力弱，随水卷入漩涡，离水后挣扎力弱，尾少许弯曲。

如果从外部购进蝌蚪种苗，除应注意其大小和强弱，更应判明是否

第七章

是真正的青蛙蝌蚪。青蛙蝌蚪可根据体色、头部形状、尾的大小及长短等与牛蛙、虎纹蛙的蝌蚪区分开来。青蛙蝌蚪全身呈灰黑色，头部较大、呈三角形、有花纹，嘴较尖，尾细而短。

第三节 蝌蚪的管理

蝌蚪生活在水里，养好池水是养好蝌蚪的关键，平时要注意查看水质、水温、水体溶解氧量、吃食等情况，如果发现问题，应及时解决。

一、水质管理

池水水质的好坏，直接影响蝌蚪的生长发育和疾病的发生。在蝌蚪入池前，就应把水池培肥，要求培肥的水质达到活、肥、嫩、爽。水的培肥度一定要适中，由浅绿-黄绿-油绿逐步加深，水的透明度从35厘米开始，最后可控制在20~25厘米。

（1）水活 即水中浮游生物丰富，水体早、中、晚有不同的色泽变化，但是变化很细微，没有经验的养殖户很难看出来。

（2）水肥 如果采用的是井水、泉水或自来水，这些水属于一种白水，不适合蝌蚪的生长发育，应采取培肥水质的办法调节水的肥度。

（3）水嫩 要求水色随阳光的强弱变化而变化，这说明水体中浮游生物有较好的趋光性，种群正处在生长旺盛期。

（4）水爽 指水中悬浮的泥沙及一些胶质团粒较少（透明度为30%~35%），这种水适合生物饵料的繁殖生长。另外，要及时清除青苔（可用硫酸铜溶液清理），减少生物毒素。

二、水温与溶解氧管理

蝌蚪比较"娇气"，对水温特别敏感。当水温在35℃以上时，蝌蚪就会停止生长甚至死亡。一般要求越夏的蝌蚪，水温宜控制在28℃以下，水温降到6℃时，就会停止吃食。因此，早春池水宜浅，有利于太阳照射升温；高温季节则应加深水位，或搭遮阳棚。如果水温实在过高，则需要加深水位降温，一定要注意水的温差不宜过大，一般要求温差不超过3℃，如果降温时温差过大，蝌蚪极容易生病或死亡，特别是刚出膜的蝌蚪。

蝌蚪对水中溶解氧要求较高，过多过少都会致病。溶解氧过饱和会引发气泡病；溶解氧不足，会缺氧死亡。如果发现蝌蚪频繁浮头，说明水体缺氧很严重，应采取增氧或换水的办法解决。

三、投喂管理

蝌蚪是滤食性的，与培育鱼苗的方法是一样的，主要投喂粉状饲料，如豆浆、鱼粉、鳗鱼料、面粉等。投喂方法是化水泼洒，可以是人工用水瓢泼洒，也可以用机械喷雾器喷洒（图7-2）。

蝌蚪每天的投喂量应该按水温及其蝌蚪总重量的 3%~8% 变动投喂，投下的料要求在 2 小时内吃完为宜。水温高、个体大，投喂量则应大一些；水温低，投喂量应小些。蝌蚪饲料要求清洁、新鲜，凡是腐败变质的饲料均不能投喂，否则会引发蝌蚪胃肠炎等疾病。

图 7-2 喷雾器投喂蝌蚪饲料

四、蝌蚪变态期的管理

蝌蚪经过 40 日龄以后开始长出后肢，50~60 日龄开始伸出前肢，尾部渐渐萎缩，开始两栖生活（图7-3）。为了确保蝌蚪变态期的成活率，应做好以下几项工作：

①保持环境安静，变态蝌蚪不能受惊扰。

②变态后期的蝌蚪需要到地面呼吸，所以在建造蝌蚪池时就要求坡度缓一些，若没有登陆地面，应在水里放一些木板、薄泡沫板等漂浮物，方便变态后的幼蛙登陆休息。

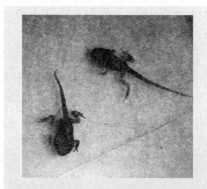

图 7-3 变态期的蝌蚪

③变态完的蝌蚪，应立即设置饵料台，开始投喂小蝇蛆等活性饵料，使幼蛙及时吃食生长。

五、蝌蚪病害的防治

蝌蚪饲养期间，除平时注意水质变化外，还要经常查看池塘蝌蚪吃食、活动等情况。如果发现蝌蚪吃食少，游动缓慢，翻肚转圈等，都属于患病现象。常见蝌蚪病害有以下几种：

1. 气泡病

【病因】气泡病是由于水体溶解氧、氮气、氨气等气体过多，被蝌蚪吸入体内或附于体表而发生。患气泡病的蝌蚪，肚子胀大鼓起，仰游于水面，肠内充满大量气体。

【防治方法】将发病蝌蚪捞出，放在清水中暂养几天不喂食，待病情好转再放回原池饲养。发病池应立即彻底更换清水，清除池内污物和过多的水草，或直接转入另备的清水池饲养几天，每天每立方米水体撒食盐 15 克，或用食盐水 49 克/千克拌料投喂，可以防止气泡病的发生。

2. 肠炎病

【病因】引起蝌蚪肠炎病的原因是多方面的：①喂食不均，蝌蚪饥一顿饱一顿；②蝌蚪误食变质饲料等。患病蝌蚪表现为游动无力，不吃食，有时发现肚子有血丝和肛门红肿，或有水样稀粪状，但多数无明显症状就死亡。

【防治方法】改善水质，投喂量要均匀，保证饲料质量，每 10~15天，1 千克饲料用酵母菌 5 克和大蒜素 5 克拌匀后投喂，可有效防止蝌蚪肠炎病的发生。

3. 水霉病

【病因】本病是由水体肥度过瘦，再加上蝌蚪皮肤损伤，致使水霉的菌丝深入肌肉，蔓延扩展而造成的。发病蝌蚪游动失常，食欲减退，因瘦弱死亡。

【防治方法】蝌蚪培育池用生石灰彻底清池消毒。对发病的蝌蚪可用水霉烂鳃灵浸泡 20 分钟左右，或用浓度为 5 克/米^3 的高锰酸钾溶液浸泡 30 分钟。

4. 车轮虫病

【病因】本病多发生在密度大、蝌蚪发育缓慢的池中。患病蝌蚪全身布满车轮虫，肉眼观察，可见其尾鳍发白，常浮于水面。5~8 月是本病的流行季节。

【防治方法】可用硫酸铜和硫酸亚铁合剂（5∶2）全池泼洒。

5. 敌害

蝌蚪的主要敌害有其他蛙类、肉食性鱼、水鸟、水蛭及水生昆虫等。为了防御敌害，饲养池周围要设防敌害围网。防敌害围网应高出地面 1 米以上，并嵌入土层内 20 厘米。蝌蚪不能与肉食鱼类混养，水蛭也要定期灭杀。

第四节 蝌蚪的捕捞与运输

一、蝌蚪的捕捞

蝌蚪在孵化池内暂养 10～15 天后便可转入蝌蚪池饲养。捕捞蝌蚪时，要小心操作，不要使蝌蚪体表出现外伤。

1. 手抄网捕捞

手抄网适宜在小面积的蝌蚪池中捕捞。手抄网包括抄柄、网圈、网三部分。抄柄可用坚硬的木棍或竹竿等，网圈用粗硬的铁丝，网用塑料窗纱等制作而成。

2. 鱼苗网捕

鱼苗网捕适宜在大面积的蝌蚪池中捕捞，一般只需用鱼苗网在池中拉 1 次便可捕捞绝大部分蝌蚪。鱼苗网用尼龙纱绢网布制作而成，一般网长 3～4 米，操作时两端各 1 人，中间 1 人，采用类似于拉鱼苗网的方法，即可获得良好的捕捞效果。

二、蝌蚪的运输

适宜运输的蝌蚪为 20～50 日龄的蝌蚪。运输时，不要使蝌蚪体表出现外伤，运输过程中要及时捞出受伤的蝌蚪。

三、运输条件

运输时，水温为 15～25℃，蝌蚪池水温与包装工具箱水温温差不超过 3℃。水温过高时，可加冰块或换凉水降温。用水质清新的江水、河水、湖泊水、井水。如用自来水，应通过日晒方法除掉水中余氯。蝌蚪长距离运输前，可用清水停食暂养 1～2 天，以排出体内的粪便，不污染水质。蝌蚪装运密度越大，耗氧量也大，水质污染就快。装运密度与装运工具、水温、运输距离及时间、个体大小等有很大关系。运输时间越长，蝌蚪耗氧量越大，体质也越弱。

四、装运用具

用于装运蝌蚪的用具有桶、壶、袋、箱、篓等，制作材料有木质、

金属、塑料、尼龙或帆布。装运用具大小要适中，太大既不利于运输，还会造成蝌蚪在运输中死亡；用具太小，运输不经济。

1. 水桶

水桶多采用木质、铝、白铁、塑料等制成，多为直径30厘米左右、高30~40厘米的圆桶，适宜短途用人力肩挑运输。

2. 泡沫箱

泡沫箱规格为50厘米×30厘米×25厘米，容积为37.5升（图7-4），装运时不宜密封。泡沫箱便于搬运，节省人力，在运输中蝌蚪不会随水溅出，并且适用于各种车辆、船只等载运。泡沫箱方便就近运输，若运输时间太长，水质易变坏，使蝌蚪的成活率降低。

图7-4 运输蝌蚪的泡沫箱

3. 塑料袋

塑料袋由透明聚乙烯薄膜加工而成，规格为70厘米×40厘米，袋容积约20升。塑料袋优点是轻便、光滑，具有弹性，不会伤害蝌蚪；缺点是容易破损，只能一次性使用。采用塑料袋装运蝌蚪必须配套使用纸箱，以便于搬运、保护塑料袋及隔热、遮光。

4. 帆布桶

帆布桶由帆布袋与支撑架组成，可根据运输工具做成各种形状，体积可大可小。帆布桶装载量大，轻便可折叠，经久耐用，适于短途大量运输蝌蚪。

五、运输方法

1. 水桶运输

水桶的装水量一般为桶容积的 2/3。蝌蚪装好后，用聚乙烯网覆盖并扎住桶口。每隔 5~6 小时换一次水。在暑热季节，宜在清早或傍晚运输，中午应在阴凉处休息。

2. 塑料壶运输

用清水将塑料壶洗净，检查其有无漏水现象。先装清水至 1/3 处，在壶口处放一大型漏斗，将蝌蚪带水从漏斗倒入。蝌蚪装好后，加清水至壶的 2/3 处，最好将壶口用聚乙烯纱网封口。每隔 4~5 小时换一次水。

3. 塑料袋充氧运输

先检查塑料袋是否漏气、漏水，然后带水加入蝌蚪。装水和蝌蚪容积占塑料袋总容积的 1/3~1/2。充氧前先将袋内空气挤出，然后立即充进压缩纯氧气。充氧结束时将袋口扎紧，用线绳严密封口。塑料袋宜装进纸箱或木箱中运输，以免受损破裂。若 20 小时内能到达目的地，途中可不换水充氧。

第八章 幼蛙的饲养与日常管理

　　蝌蚪完成变态并开始登陆活动，即标志着青蛙的生长发育进入了成蛙阶段。成蛙阶段的青蛙在饲养和管理中，一般按幼蛙和成蛙有所区别。幼蛙是指蝌蚪完成变态（即蜕尾后，性腺尚未成熟）的青蛙；成蛙是指达到性成熟的青蛙。

　　幼蛙和成蛙可在专用养殖池进行人工投饵精养，也可利用稻田、水陆林地（加防逃设施）进行半野生圈养。其中，人工投饵精养除在专用养殖池内进行外，也可采用网箱养殖。人工投饵精养应注意适宜的放养密度，对于商品青蛙则可进行高密度养殖。

第一节　幼蛙的投放

一、放养前的准备

　　幼蛙是指脱离蝌蚪期后 1~2 个月内饲养的小青蛙，其体重因品种不同而异，一般幼蛙重 3~8 克/只。刚完成变态的幼蛙，体内已无营养贮存，体质瘦弱，对环境适应能力较差，尤其抗寒能力差，摄食能力也较弱，生长较缓慢，要求精心饲养和管理。这是青蛙养殖过程中最困难、最关键的阶段，若管理得当，不仅幼蛙生长健壮，而且会为幼蛙的迅速生长打下良好基础。生长良好的幼蛙，可作为后备种蛙，也可经短期育肥或直接作为商品蛙上市销售，从而提高饲养效率，降低生产成本。

　　为了方便饲养管理，幼蛙池面积不宜过大，以 50~100 米^2 为宜，池水深 20~60 厘米。如果用漂浮性饲料投喂，喂养的器具面积宜小。如果养殖量很大，则可并列修建饲养池，便于管理。

　　放养前，幼蛙池应清池消毒，除去野杂鱼，消灭病害生物等，待毒性完全消失后再放幼蛙。应选择健壮、活跃、无病、无伤、规格整齐、个体比较大的放养。放养时，幼蛙要用 3% 的食盐或用水霉净浸泡 8~10 分钟，1 月龄的幼蛙，放养 80~100 只/米^2。

用于幼蛙池消毒的药物一般有漂白粉和生石灰，消毒工作应在幼蛙放养前的 7~10 天进行，待消毒药物的毒性完全消失后方可放养幼蛙。

二、幼蛙的放养

幼蛙放养的两个关键环节是分类后分池放养和保证适宜的放养密度。

1. 根据幼蛙大小分池放养

因为青蛙有"大吃小、强食弱"的习性，所以应修建多个隔离的幼蛙池，以便根据幼蛙的大小分类，分池放养。不仅如此，同样大小的幼蛙放养在同一养殖池，因其个体生长速度的差异，经过一段时间也会表现出个体大小的明显不同。因此，幼蛙饲养过程中要时常加以分类调整，力求同一养殖池内幼蛙个体大小均匀，避免其自相残害。条件不具备的养殖场，可采用隔离网箱分类放养。当大小不一的幼蛙在同一池内放养时，应加强管理，保持适宜的放养密度，并保证饲料的供应，以遏制大吃小的习性。

2. 适宜的放养密度

幼蛙的放养密度应根据幼蛙的大小、饲料情况、饲养条件及管理水平而定。下面提供几种幼蛙的参考放养密度，供养殖户参考。

放养密度：45 日龄后的幼蛙，体重达 3~8 克/只，放养密度为 80~100 只/米^2；60 日龄后的幼蛙，体重为 10~20 克/只，体长 6~7 厘米，放养密度为 60~80 只/米^2；70 日龄后的幼蛙，体重为 25~30 克/只，放养密度为 30~40 只/米^2。放养幼蛙的具体密度，还应考虑天气情况，炎热季节比凉爽季节的放养密度宜低些。

3. 幼蛙消毒

为了消除幼蛙体表的病菌、病毒和寄生虫，在放养前，将幼蛙放在 1% 蛙康宁溶液中，或在 3%~5% 的食盐水中浸泡 5~10 分钟（消毒时间视水温和蛙体情况而定），然后将幼蛙放在池边陆地上，让其自行下水，而不能将幼蛙直接倒入水中，以免产生应激或溺水死亡。

第二节　幼蛙的饲喂

一、幼蛙饲料

幼蛙饲料现在可以直接使用专业饲料厂生产的全价颗粒饲料。青蛙饲料分为直接饲料和间接饲料两大类。直接饲料为各种活体饵料，主要有黄粉虫、蝇蛆、蚯蚓、蜗牛、飞蛾、小鱼、小虾等。间接饲料为各种

静态饲料，主要有蚕蛹、猪肺和人工颗粒饲料等。现在，由于驯化技术的进步，颗粒饲料基本上替代了活体饵料。

> 青蛙颗粒饲料蛋白质含量在 35% 以上，价格在 8000 元以上，投喂时应适当添加乳酸菌或 EM 菌，这对青蛙肠道消化吸收大有裨益，还可以减少疾病发生。

二、食性驯化

活饵料投喂可直接放在饵料台上，而不会活动的"死"饲料投喂则需先对幼蛙进行驯食。驯食就是人为地驯养幼蛙由专吃昆虫等活饵料改为部分或全部吃人工配合饲料。青蛙的食性经过驯化是可变的，而且可塑性比较强。驯食越早，驯化时间就越短，驯食效果就越好，饲料损失也就越少。一般要求在幼蛙变态后的 3~4 天开始驯食。

幼蛙密度及幼蛙
饵料台驯食

三、幼蛙初期的饲养方法

刚脱尾的幼蛙，只吃活食，这时应饲喂蝇蛆、黄粉虫、水蚯蚓、摇蚊幼虫等活体饵料。喂活饵时，应将其丢在固定的饵料台或池边浅水处，让活饵爬动、跳跃，引诱幼蛙吃食。幼蛙的消化能力很强，食量也大，生长较快。刚放养的幼蛙，尚未形成固定的吃食习惯。因此对幼蛙的投饵次数要多，每天 3~4 次，投喂量也要大些，一般为幼蛙体重的 8%~10%，此时的幼蛙体重为 3~5 克，比变态前的蝌蚪还要轻，蝌蚪一般为 5~7 克。

1. 以活促动

设置一个专门制作的饵料台，把硬性膨化颗粒料与蝇蛆混合在一起，撒在饵料台上，让蝇蛆不停运动带动膨化饲料滚动，这样蛙就误以为膨化饲料为活饵。但原则是：膨化颗粒料要由少到多，逐步增加，慢慢减少活饵料的投喂量。在一定条件和温度下，通过 15~25 天，幼蛙就能主动摄食人工饲料，完成整个驯食过程。

2. 直接用饲料机驯食

饲料机的类型有震动型和转动型。驯食时，应注意以下几点：

（1）保持环境安静 驯食时，环境一定要安静，任何干扰都会影响驯食。

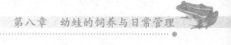

（2）驯食时机和温度 驯食时，应选择在最佳时间和最佳的温度条件下，才能获得成功。一般幼蛙变态后一个月开始驯食为最佳时机，这时候幼蛙投喂一段时间的蝇蛆后，已达到一定的大小，体质增强，即使已饥饿3~5天，对其生长发育也没有多大的影响。幼蛙本身很娇气，如果不把幼蛙的体质养壮就开始驯食膨化饲料，这样不但驯食不会成功，反而会导致幼蛙的死亡数量增加，影响全年的生产。黑斑蛙的吃食温度一般都要在15℃以上，最佳吃食水温为22~26℃，如果温度太低时驯食，也是劳而无功。幼蛙吃食"死"饵水温一般都在20℃以上，所以在驯食时必须在最合适摄食"死"饵时的水温条件下进行，即水温为20~26℃最为合适。

（3）建立条件反射 为了驯食进行得更顺利，给青蛙建立一种条件反射，应做到"定时、定点、定量、定质、定人"的五定原则。在每次饲喂前清扫蛙池，或制造某种特定声响或动作，只要反复在投料前进行，久而久之就会给幼蛙形成一种条件反射。以后只要重复出现某种动作或声响，蛙就会马上聚集起来等候摄食，便于集中饲喂（图8-1）。

图8-1 幼蛙饵料台

（4）搞好蛙池卫生 驯食期间，因为面积小，蛙聚集密度高，投饵多，排泄多，水体最容易被污染。因此，要勤排污水，保持蛙池的良好水质。还要定期清洗饵料台，以及用药物全池泼洒，进行水体消毒。在饲料中添加维生素A等营养物质，以预防幼蛙发生腐皮病。

四、幼蛙中期的饲养方法

幼蛙通过投喂活饵料饲养一段时间后，生长很快，一月龄幼蛙体重可达 15 克/只左右，这时候投喂活饵的量由多到少，逐步递减，投喂"死"饵或膨化颗粒饲料，颗粒饲料则由少到多递增。每天的投喂量为蛙总体重的 4%~6%，以不剩料为准。投喂时要少量多次喂，一般每天可达 3~4 次。

1. 投喂肉类驯化

对于变态不久的幼蛙，先将鲜活小杂鱼（体长 2 厘米以内）放入饵料台，使小杂鱼不会死去，又不能自由游动，以其只能横卧蹦跳为宜，这样可引诱幼蛙游向饵料台摄食。投喂 1~2 天活的小杂鱼后，可将鸡、鸭、鱼等的肉、内脏切成条状，大小以青蛙能吞食为宜，混在活饵中投喂，活的小杂鱼在饵料台内蹦跳带动肉条等震动，幼蛙以为都是活饵而将其吃掉。待幼蛙吃惯后，可不放活的小杂鱼，其也会进入饵料台摄食。对于刚变态的幼蛙，也可用蝇蛆、黄粉虫幼虫、蚯蚓作为诱引其摄食的活饵，但饵料台底部最好紧贴水面而不进水。为增强诱引效果，可手握一根钓竿，钓线下端绑上动物肉或内脏，每天定时在饵料台附近水面上15 厘米处上下左右移动；起初幼蛙不敢接近，久之，则会被诱引到饵料台上取食。

如无活饵，可在饵料台上方安装一条水管，让水一滴一滴地滴在饵料台中，随水滴的滴下使饵料台中死饵随之而动，幼蛙误认为是活饵而摄食。形成习惯后可不滴水，幼蛙也会进入饵料台摄食。

2. 投喂颗粒饲料驯化

人工配合饲料必须制成适于幼蛙口形大小的颗粒状。可采用类似于投喂动物肉和内脏的方法，也可不用活体动物等引诱，而直接投喂。投喂软颗粒饲料时需饵料台，将软颗粒饲料慢慢扔到饵料台的塑料纱（不进水）上，颗粒饲料落下弹起，可引诱幼蛙摄食，这种方法投饵慢而费时。如果制成有漂浮性的膨化颗粒饲料，则投喂时可不用饲料台，将颗粒饲料撒在浅水处，由于蛙的跳动等造成水面波动，浮于水面的颗粒饲料也随之波动，引诱幼蛙摄食。

3. 投喂蚕蛹干驯化

将蚕蛹干放在温水中泡软。在幼蛙池边架设一块斜放的木板，伸入池中，往木板上端投放蚕蛹，使蚕蛹能沿木板缓缓滚入池水，以此法诱引幼蛙捕食。起初，幼蛙不敢摄食，经多次投喂后，幼蛙逐渐适应，开始摄食，习惯后甚至跃上木板抢食。

此外，可将饵料台设置一定坡度，幼蛙捕食活饵时的跳动，可使

"死"饵滑动，从而被其他幼蛙摄食。或将饵料台用绳索悬吊而可活动，当青蛙跳动时，饵料台和死饵也随之摆动或振动，"死"饵会被幼蛙当作活饵取食。例如，可结合黑光灯诱虫，在其下设一有坡度或活动的饵料台，当幼蛙捕食昆虫时，使"死"饵振动而被采食。

4. 驯化成功技巧

驯化幼蛙食性的关键是制造"死"饵的动感，方法很多，读者可根据实际情况选用或设计。

（1）及早驯食　对变态后的幼蛙投喂 1~2 天活饵后，即应开始驯食（变态后的 3~4 天），这样容易建立起条件反射，使食性驯化成功率越高。开始驯化的时期越晚，幼蛙食性驯化越困难，成功率越低。

（2）驯食应定时、定点　驯化幼蛙形成在一定时间到固定位置（饵料台）摄食的习惯。

（3）幼蛙食性驯化应循序渐进　驯食时应由只投喂活饵，改为以活饵为主，并适当配合"死"饵。随着驯食进程，逐步减小活饵投喂比例而相应提高"死"饵的投喂比例。一般雄蛙胆大驯化快，雌蛙胆小驯化慢；体壮的个体驯化快，体弱的个体驯化慢。一个蛙群全部被驯化，一般需 15 天以上。这是一个自然过程，不能强行加快。

（4）驯化后保持投饵惯性　幼蛙对驯食的记忆不牢固，摄食"死"饵（颗粒饲料）仅仅是一种条件反射。为巩固驯食成果，对驯化过的幼蛙应坚持在固定时间和地点投喂"死"饵。

禁忌

　　青蛙胆小，投饵期间，操作人员及来访人员的现场交谈和来回走动，牲畜在蛙池附近乱叫，以及很小的动静等，都会影响青蛙摄食。

五、常规投喂方法

为便于清除残食，防止蛙池水质恶化，降低幼蛙病害发生概率，必须将幼蛙的饲料投喂在饵料台上。饵料台可用木板钉成长 120 厘米、宽 80 厘米、高 8 厘米左右的框架，其底部用 40 目（孔径为 0.425 毫米）的塑料网纱钉紧。将饵料台固定在蛙池中，使其底部浸入水中 2~5 厘米。浸水太深，不便于幼蛙摄食；浸水太浅，则小鱼虾易死去。这种饵料台也可固定在蛙池的岸边或陆岛上，以投喂怕水的动物性活饵（如蚯蚓等）。

幼蛙一般每天投饵1~2次。天气正常时，每天投饵时间应相对固定。如果每天投饵1次的，宜在16：00投喂；每天投饵2次的，则需在9：00和16：00各投喂1次。实践证明：分2次投喂效果较1次投喂的效果更好，可以避免投饵不均的现象。此外，投喂时，饲料不要成堆，要均匀撒开，以便于青蛙摄食。投饵是否均匀，从饵料台上幼蛙的分布即可看出来（图8-2）。

图8-2 投喂均匀的饵料台

投喂量依幼蛙个体的大小、温度的高低、饵料的种类等的不同而改变。一般每天投喂量为蛙体重的8%左右，不得超过12%。通常气温在20~26℃时，幼蛙摄食量大，18℃以下及30℃以上时，摄食量会减少。投喂量应根据饵料的营养价值而增加，上述投饵比例是对鲜活饵料而言，如采用人工配合饲料或干燥饲料，则应根据其营养价值降低投饵比例，一般在5%左右。总之，投喂量应根据具体情况酌情掌握，以每次投入的饵料吃完为宜。

六、活饵与"死"饵的投喂比例

1月龄幼蛙，活饵与"死"饵的投喂比例为2：1；1.5月龄幼蛙，活饵与"死"饵各一半；2月龄幼蛙，活饵与"死"饵比例为1：2；2~3月龄后的幼蛙可全部投喂"死"饵，对于活饵充足的地方可一直投喂活饵，只是会增加养殖成本，还会促进青蛙生长。

第八章

误区

有养殖户担心人工饲料营养不全，花大价钱养殖或购买黄粉虫、蝇蛆等给幼蛙补充营养。其实，人工饲料的蛋白质含量达40%，营养全面，完全可以替代各种活饵料。

第三节 幼蛙的日常管理

对于营水陆两栖生活的幼蛙,其饲养场地需要有植物丛生的潮湿陆地向水源充足稳定的浅水水域过度的环境。幼蛙的生活习性有别于蝌蚪,在管理上也应有所区别。

一、遮阳

幼蛙体质比较脆弱,惧怕日晒和高温干燥的天气。遮阳棚一般用芦苇席、竹帘搭建,面积宜比饲料台大 1 倍左右,高度以高出饲料台平面 0.5~1 米即可,也可采用黑色塑料网片架设在幼蛙池上方 1~1.5 米处遮阳,可遮挡 60% 的阳光,既降温,又通气,效果较为理想。此外,在幼蛙池边种植葡萄、丝瓜、扁豆等长藤植物,再在距幼蛙池水面 1.5~2 米高处搭建竹、木架,既可为幼蛙遮阳,又能收获经济作物。

二、控制水温和水质

幼蛙最适宜的生长温度为 25~30℃,当温度高于 30℃ 或低于 12℃ 时,即会产生不适,食欲减退,生长停止,严重的甚至会被热死或冻死。盛夏降温措施通常是使幼蛙池池水保持缓慢流动或更换部分池水。一般每次更换半池水,新水水温与原池水温的温差不超过 3℃。还可以搭设遮阳棚,或向幼蛙池四周空旷的陆地上每天喷水 1~2 次。越冬保温,可以建塑料大棚、建蛙巢等,使幼蛙安全越冬。

幼蛙对水质的要求基本与蝌蚪相同。对幼蛙池的水质控制比蝌蚪池要容易。因为不需培肥幼蛙池水体来增加水体中的生物饵料,同时幼蛙主要以肺呼吸,对水中溶解氧量的要求不如蝌蚪严格。但对幼蛙池水体的水质不容忽视,要经常清扫饲料台上的剩余饲料,洗刷饲料台。晴天,可将洗刷干净的饲料台拿到岸边,经阳光暴晒 1~2 小时后再放回原处;若遇阴雨天,则将洗刷干净的饲料台放在石灰水中浸泡 0.5 小时,彻底杀灭黏附在饲料台上的病原体。还要及时捞出池内的病蛙、死蛙及其他腐烂物质,保持幼蛙池水清洁。经常给幼蛙池消毒,用 1 克/米³ 的漂白粉溶液对幼蛙池进行泼洒,每隔 10~15 天消毒 1 次,杀灭池水中的各种病原体,以防蛙发病。一旦发现幼蛙池水开始发臭变黑,则应立即灌注新水,换掉黑水臭水,使幼蛙池池水保持清新。

一般每隔 1~2 天换水 1 次,每次换水 5~10 厘米深的水量。水深可由 0.3~0.4 米逐渐加深至 0.5~0.8 米。

三、分池稀养

在人工高密度饲养下，幼蛙的生长水平往往不一致，蛙体大小很不匀称，相差悬殊。因此，在幼蛙饲养期内要经常将生长快的大蛙分拣出来分池分规格饲养，力求同池饲养的幼蛙生长同步、大小匀称，方可避免弱肉强食、大蛙吞吃小蛙的现象发生。

四、日常管理

日常管理的主要任务是防敌、防逃，要经常检查围墙和门四周有无漏洞、缝隙，发现后立即堵塞，防止敌害进入和幼蛙逃跑。一旦发现蛇、鼠等敌害，应及时驱除。

（1）每天巡查 每天早、中、晚巡池 3 次，除检查围墙、门以外，还要注意观察幼蛙的摄食情况，有无患病迹象，发现疾病应及时治疗。

（2）做好记录 对放蛙、投饵、发病治病、水温、气温等情况逐一记录，以便积累养殖经验。

第九章 青蛙围栏养殖

第一节 围栏池的建造

一、场地选择

1. 环境

青蛙养殖场应选择在阳光充足、空气新鲜、背风向阳、僻静无声的地方建场，天然池塘、沟渠、荒地、湿地、农村老宅房前屋后的空地均可。

2. 水源

养殖场中的水源要求水量充足、水质清新、进排水方便，还要考虑水位的季节性变化，旱时有水能灌，涝时能排不淹，尤其能够抵挡洪水的冲击。水质符合《无公害食品　淡水养殖用水水质》（NY5051—2001）标准。养殖场每天的供水量要大于计划商品蛙产量的4~6倍，周围无工业废水、生活垃圾等污染。另外，养殖场应预留发展用地，签订土地长期租赁合同，避免土地租赁纠纷。

3. 交通与电力

规范化的青蛙养殖场，各类生产资料和产品运输量较大。所以，青蛙养殖场需要交通便利，并且电力供应保障可靠。

二、蛙池类型

1. "回"字形蛙池

"回"字形蛙池（图9-1）一般呈长方形，长22米、宽9米，面积约为200米^2。其中，

图9-1　"回"字形蛙池

围栏中部陆地为休息区，长15米、宽2米，可供青蛙栖息、活动；四周水沟宽1米，饵料台区宽1.5米，饵料台区四周埋设高1.5米的水泥柱，用1.2米高的聚乙烯网片围栏与外界隔离，围网上端要做成"⌐"字形，防止青蛙逃跑。池间距为1米，修建走道，便于人员通行。所以，真正用来养蛙的蛙池面积只有140米^2，每公顷土地可以建50个蛙池（图9-2和图9-3）。

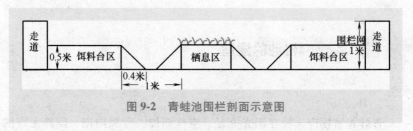

图9-2 青蛙池围栏剖面示意图

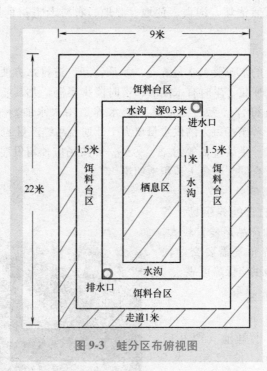

图9-3 蛙分区布俯视图

2. "口"字形蛙池

这种蛙池也是长方形的，中部为水沟，与两端围栏网相连接，没有专门设置的青蛙栖息、活动区。其他则与"回"字形蛙池一致（图9-4和图9-5）。

图9-4　"口"字形蛙池　　　图9-5　"口"字形蛙池俯视图

3. 坑凼型蛙池

这种类型的蛙池结构简单，坑凼用来储水，面积占蛙池面积的1/6左右，四周同样需要用网片设置围栏。

4. 水沟型蛙池

水沟型蛙池（图9-6）结构最为简单，在养殖区域内至少有一条流水沟或静水沟即可。可以因陋就简利用各种稻田水沟、蔬菜地水沟，使稻田、菜地能够一地两用，既种植又养殖，陆地四周用网片设置围栏。

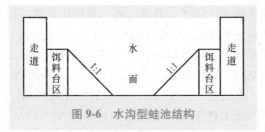

图9-6　水沟型蛙池结构

在所有池子上方架设距离地面2米高（可供人自由穿行）的天网，以防止白鹭、鱼鹰、麻雀、蛇、老鼠、黄鼠狼等天敌入侵。这样便形成一套立体式防逃、防天敌的保护体系。此外，池内前后要设计进排水管道，以保证养殖期间进排水畅通、便捷。

水沟对角处，离水底50厘米的地方，分别设置为进水口和排水口。进水设备可选用直径为10~20厘米的PVC管或直接用水泵抽入，出水设备用直径为30厘米左右的PVC管或水泥管。

第二节 苗种放养模式

目前，苗种放养主要有两种模式，一种是卵块放养模式，另一种是幼蛙放养模式。

一、卵块放养模式

（1）卵块采收 在青蛙繁殖池采收卵块孵化，卵块采收的时间分别是早上7：00~8：00和下午13：00~14：00。将采回来的受精卵放入已经消毒好的养殖池的环沟中进行孵化。需要注意的是卵块颜色较深的一面为动物极，必须朝上，颜色偏白的一面为植物极，必须朝下。蛙卵的孵化率一般为100%，如果卵块被翻转，则会导致无法孵出蝌蚪。目前，放养密度一般在8万尾/亩，有的甚至放到了10万尾/亩，按照90%的成活率，每个卵块按2000粒计算，一般每个池中放养15~18个卵块。

（2）蝌蚪期培育 蝌蚪孵出的4~5天内一般不摄食，主要以自身的卵黄囊供给营养。第6天卵黄囊消失，开始吃浮游植物（绿藻等）。另外，开始投喂蝌蚪饲料粉。前期，一般是每10万尾蝌蚪投喂500克蝌蚪饲料粉，早、晚各1次。待蝌蚪养殖到30天左右，即可以开始用蝌蚪饲料粉与蝌蚪饲料粒混合投喂，一般投喂4~6天，可全部转为蝌蚪饲料粒。待蝌蚪养殖到40~50天，开始变态，先伸出后腿，待60~70天时，伸出前腿，尾部逐步退化，完全变态成幼蛙。

蝌蚪养殖过程中，当蝌蚪长到大于围网网孔时，将蛙池中水加满，增加蝌蚪活动空间，以降低蝌蚪密度，同时也能起到增加水体溶解氧作用，等到蝌蚪长出后腿后，再降低水位。前期注重肥水，以增加水体中的藻类，进而保证水体溶解氧量，后期蝌蚪开始上岸后，则不需要再肥水。

二、幼蛙放养模式

（1）放养时间　蝌蚪经 2~3 个月的养殖变态成功后，即进入幼蛙的养殖阶段，开始逐渐适应陆地生活。该阶段慢慢降低蛙池水位，只在环沟中留水，休息区及饵料台要防止进水。幼蛙上岸后，开始用肺呼吸。

（2）驯食方法　刚变态的幼蛙只摄食活饵，因而要开始训食。训食方法有诱虫灯驯食和人工驯食两种。

1）诱虫灯驯食。在蛙池上装 1~2 盏诱虫灯，灯下方放弹性较好的饵料台网，饵料台网上撒上青蛙 "0" 号饲料，晚上打开诱虫灯，青蛙在捕食虫子的同时，跳到饵料台网上，使饲料动弹起来，青蛙误将弹起来的饲料当作昆虫捕食，久而久之，青蛙形成了只要跳到饵料台网上就有饲料吃的条件反射，从而达到驯化青蛙摄食人工饲料的目的，一般 1~3 天就能驯食成功。

2）人工驯食。在饵料台网上撒上青蛙饲料，再将饲料丢到青蛙身上，青蛙看到误以为是虫子捕食，同时，在跳跃过程中也会使饵料台网上的饲料弹起被青蛙捕食，久而久之，青蛙形成了只要跳到饵料台网上就有饲料吃的条件反射，从而达到驯化青蛙摄食人工饲料的目的（图 9-7）。

图 9-7　人工驯食

第三节　成蛙的围栏养殖

一、成蛙的饲喂

幼蛙驯化好后，只需要把饲料撒在饵料台网上即可，青蛙便会成群地自动摄食。投喂量一般控制在蛙体体重的 3%~8%，以青蛙 1 小时内吃完为宜。以专业厂家生产的配合饲料为主，蛋白质含量在 34% 左右。在上午 8：00 和下午 18：00 各投喂 1 次。由于青蛙贪食，所以要根据天气情况、蛙的摄食情况合理安排投喂量。在饲料转换过程中，注意饲料类型的搭配，最好先大小型号的饲料混合投喂，过渡 3~5 天后，再完全替换。

随着温度的升高，需要安置青蛙度夏降温设施。

其一，要尽快搭建好遮阳网（图 9-8）。遮阳网离地面的距离保持在 90 厘米以上，才能更好地保证棚内气体对流，降低棚内温度。

图 9-8　遮阳网

其二，在饵料台两边可稀稀疏疏种植几棵黄豆，长大后供青蛙遮阳纳凉用。黄豆无须打理，不会生虫，青蛙粪便是有机肥料，可促其苗壮成长。

池内蓄满水后可间隔种上水葫芦，能够吸收水中污物，净化水质。水葫芦生长旺盛，一旦生长过密要适时清理。定期清除栖息台及饵料台杂草，因为青蛙天性贪玩，杂草过多会导致青蛙躲在草中不出来吃食，进而影响生长。此外，杂草过多也会导致消毒不彻底，病毒细菌在草中滋生。定期清洗饵料台网，清除残饵，防止细菌滋生。定期对蛙池、饵料台以及青蛙消毒，消毒剂应选择较为温和的碘制剂，避免对青蛙造成影响。如此便形成一种相对封闭的仿自然生态环境，为青蛙营造一个安全、幽静、舒适的理想栖息场所。

青蛙受到惊吓后
四处逃窜

二、日常管理

青蛙养殖的管理理念是"三分养七分管"，管理过程中主要做到以下几点：

1. 防逃逸

精养池外面设有围栏网（图9-9），上端缝制成"┓"字形的檐边，主要是为了防范青蛙跳跃外逃。经常检查，如围网出现破洞或小孔，及时缝补、堵塞。防天敌围网可防止蛇、刺猬、黄鼠狼等天敌进入精养池内。天网可防止白鹭、鱼鹰、水鸟、麻雀等天敌入侵。使用井水作为水源的，前期应防止泥鳅、鳝鱼、黄颡鱼等吃掉池中蝌蚪。要经常巡视养殖场，察看天网、围网是否有破损等情况。

图9-9　围栏网上部拐角结构

2. 防惊扰

一般而言，正规的青蛙养殖场应谢绝外人参观。首先，访客身上很可能携带细菌、病毒等传染源，会引发疫情，从而造成不必要的损失。其次，过多打扰容易导致青蛙应激反应，表现为四下逃窜、拼命触网、角落扎堆等惊恐状，严重者会发生大面积死亡。围网和天网也起到隔离人群的作用。此外，应再设置一道纱窗门，以防"不速之客"进入。

3. 防疫情

青蛙是野生动物，生命力较强，一般情况下无重大传染性疾病发生。

在水源不洁或野生青蛙混入时，会出现腐皮病，有局部传染性。需及时清理出病蛙并进行隔离，用"碘类"药物药浴。青蛙会由于水质不洁、高温天气、惊吓等原因导致免疫力下降甚至失明，从而无法正常觅食而发生死亡。需要在酷暑高温季节时保持养蛙池区域安静，避免人为惊扰。增加换水次数和时间，加强场池、水体的消毒工作。另外，跳跃撞网碰破嘴皮的青蛙，只要食物充足，3~4天即能自愈，不需要特别治疗。若发现池中有死蛙，应及时清理并进行无害化处理，避免恶化池中环境。

4. 防水藻

要定期清理精养池内的水藻等各类水草。要保持池内生态环境，不能一刀切似的清除干净，要控制各类水藻的生长，以达到和谐共生为宜。

三、效益分析

精养池高密度养殖，一个单元为长22米、宽9米，即约200米^{2}的蛙池可投放20个卵块，孵化出40000~45000尾蝌蚪，成活25000~30000只幼蛙，幼蛙长至成蛙成活率一般为50%，以成蛙24~28只/千克计算，可产出商品蛙530千克，按照目前市场价格36~46元/千克，减去成本约20元/千克，可获利润11130元左右，折合经济效益约33390元/亩。

根据青蛙的养殖周期，头一年的幼蛙，第2年4~5月成熟抱对产卵，9~10月商品蛙收获上市。最佳上市时间为国庆节、春节和端午节，这时上市价位高，与其他水产品相比更具竞争力。如果囤养至春节上市，效益会更好。销售范围可选择极富消费潜力的北京、上海、广州、深圳、武汉、杭州等大城市，也可锁定在农家乐、度假村、旅游景区、特色餐饮及大型商超等高端市场。

第十章 池塘生态养蛙

第一节 池塘改造

一、清塘修整

养蛙池塘可以是新开挖的，也可以由过去的养鱼池改造而成，要求水源充足、水质良好，进排水方便，池埂顶宽 3 米以上，坡度为 1∶3，面积以 3~5 亩为宜，长方形，水深 0.7~1.2 米。事先要做好平整塘底、清除淤泥、晒塘、加固池堤等准备工作。

二、安装防逃设施

在池塘清整的同时建好防逃设施，防止青蛙逃逸。一般采用乙烯网布，也可用石棉瓦、铁丝网、水泥墙面和特殊混凝土檐边等，这些都可成为防止青蛙逃跑的铜墙铁壁。

青蛙水陆两栖，生性活泼，靠跳跃行走，决定其池塘产量的不是池塘水体的容积，而是池塘的水平面积和池塘堤岸的曲折率。即相同面积的池塘，水体中水平面积越大，堤岸的边长越多则可放养青蛙的数量越多，产量也就越高。

三、清塘消毒

清塘消毒就是要有效杀灭池中敌害生物（如鲶鱼、小龙虾、乌鳢、蛇、鼠等，争食的野杂鱼类如鲤、鲫鱼等，以及致病菌）。常用的方法有两种：①生石灰清塘，每亩用生石灰水 50~80 千克，全池泼洒，再经 3~5 天晒塘后，灌放新水；②漂白粉水清塘，将漂白粉完全溶化后，全池均匀泼洒，用量为每亩 20~30 千克（含有效氯 30%）。

四、水源和水质

养殖用水一般取用河水、湖水，要求水源要充足，水质要清新、无污染，符合国家颁布的渔业用水或无公害食品淡水水质标准。

五、种植植物

在池塘里模拟天然水域生态环境，培育植物群，形成青蛙栖息、活动场所。可以提高青蛙的成活率和商品蛙品质。种植黄豆、攀缘植物的目的在于利用它们制造阴凉潮湿环境，还能吸收部分残饵、粪便等分解时产生的养分，起到净化池塘水质的作用，以保持水体有较高的溶氧量。在池塘中，水草可遮挡部分夏日的烈日，对调节水温作用很大（图10-1）。

蛙池中种植植物

10-1　池塘种植植物

第二节　幼蛙的选择及放养密度

一、幼蛙的选择

幼蛙选自青蛙良种场，是非近亲蛙种繁殖的种苗，凡近亲交配繁殖的蝌蚪，容易出现畸形且体弱多病，免疫能力差。现在许多青蛙场，由于养殖规模小，亲本数量有限，多用子代补充亲本交配繁殖，所产生的后代遗传病变较多。

提示

> 禁止在当地捕捉野生青蛙做亲本蛙来繁殖幼蛙。

二、幼蛙的放养密度

池塘生态养蛙养殖模式主要有以下几种。

1. 蛙卵直接养成模式

每亩池塘投放蛙卵块 3~4 个，可孵出蝌蚪 6000 尾左右。再从蝌蚪养成商品蛙。

2. 蝌蚪养成模式

每亩池塘引进良种蝌蚪 5000~6000 尾，由蝌蚪直接养成商品蛙。

3. 幼蛙养成模式

从青蛙繁育场引进幼蛙，每亩 3000 只，按照常规饲养方法，投饲、防病。经 4~6 个月养成商品蛙出售。

4. 蛙-鱼混养模式

这种模式主要是青蛙和常规鱼、虾的混养，由于各自在水中的生活环境不同，能够互利共生，达到"一水两用，一池多收"的目的。

第三节 饵料的投喂

一、饵料投喂的原则

青蛙天生就是吃活食的，所以青蛙人工饲料必须投喂在事先设置的乙烯丝网布饵料台上，当青蛙到饵料台集中摄食时，由于青蛙个体的跳动，带动饲料颗粒的相对滚动或振动，青蛙接收到视觉反应信号后，立即当活食摄入口中。

1. 定质

投喂的各种饵料必须保证质量，饵料要求新鲜、清洁和优质。凡腐败的饵料不能投喂，可自行培养蝇蛆和蚯蚓。投喂的动物性饵料喂前要洗干净，植物性饲料不能发霉变质。同时要注意饵料的多样化，以增进食欲，提高饵料的利用率。

2. 定量

在一定的时期内，投喂饵料的数量要相对固定，每次投喂量要均匀适当，避免忽多忽少。同时，要根据青蛙采食情况、天气变化、水温、水质等情况进行适当调整，以满足青蛙生长的需要。

（1）投喂量 一般以足食为宜，通过观察蛙的生长率是否达到通常指标、蛙体的饱满度以及有无残剩饵料来确定。若有较多残饵，则表明投饵过量，这不仅造成浪费，还会污染水体，破坏青蛙的生存和生长环境。饵料长期投喂不足，也将会导致青蛙生长缓慢、体质消瘦、易患病，并且个体发育大小差异悬殊。在适温条件下，日投喂量因青蛙发育阶段和个体大小的不同而不同，通常在蝌蚪期日投喂量为体重的 5%～20%，孵化后 7～30 天的蝌蚪每千尾投喂量折合为 20～400 克，30 天后至变态每千尾投喂量折合为 400～800 克。幼蛙期的投喂数量占体重的 5%～15%，干饵料占 2%～4%，折合每只幼蛙 2～20 克、成蛙 20～40 克鲜活饵料。

（2）投喂次数 决定日投喂量的合理分配。通常每天喂食 1 次即可，但有时考虑到每个个体都能吃上饵料，需要增加投喂次数。蝌蚪初期食量小，每天投喂 1 次，不宜过多，30 天后食量增加，可一次喂足，也可分上、下午各投喂 1 次。幼蛙生长快，可适当增加投喂次数，每天 2～3 次。成蛙有间歇采食的特性，一次吃足可维持几天不摄食，夏季每天投喂 1 次，春秋季每 2～3 天投喂 1 次即可。

3. 定点

每次投饵时均要在固定的地点固定的饵料台上投喂。在岸边陆地或岸边水中设饵料台，投喂怕见水的活饵料或其他饵料，不要到处乱撒和变更地点，使青蛙养成固定地点摄食的习惯。这样可避免饵料浪费，又便于残食的清理和保持清洁卫生，有利于病害的防治。投喂点的多少要依养殖池的大小来定。20 米² 的小池，设置 1～2 个投喂点即可。

4. 定时

在正常的天气条件下，每天投喂时间要相对固定，使青蛙形成摄食规律，避免时饥时饱。投喂时间一般在上午 8：00～9：00 或下午 17：00～18：00。

二、饵料的投喂方法

1. 饵料台的制作

水中饵料台多由厚 2 厘米的木方和纱网制成，用于投喂蝌蚪饵料和青蛙的水生动物鲜活饵料或动物内脏。使用时，将饵料台固定在池边水中，蝌蚪饵料台要沉没在水面下 10 厘米，青蛙的饵料台要高出水面，仅底部浸在水中即可。陆地饵料台多做成木盒，也可用瓷盘代替，盘口宽以 3～4 厘米为宜，不宜太大，以避免青蛙跳入取食时将饵料带出，造成浪费。饵料台每 2～3 周清洗 1 次，保持饵料台清洁卫生。

2. 蝌蚪饵料的投喂

投喂方法常见的有全池泼洒法和饵料台投喂法。全池泼洒主要用于单细胞藻类、水蚤等水中浮游生物，以及蛋黄、牛奶、豆浆等蝌蚪饲料的投喂。粉状饲料最好不直接撒在水中，应加工成团粒饲料定点投喂于饵料台上。投喂动物内脏应切碎，然后再放入饵料台。

　　3. 成蛙饵料的投喂

　　投饵方法可因饵料不同而不同。"死"饵多投放在水中或陆地上的饵料台上。鲜活的小鱼虾、水蚤等可直接投放在池水中，也可投放在水中饵料台上。蝇蛆、黄粉虫、蚯蚓只能投放在陆地上。投喂的各种活饵或"死"饵，若体积较大，喂前应切碎，并制造动感，诱导青蛙摄食。

第十一章 稻田生态养蛙

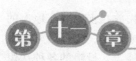

　　青蛙，跳跃能力极强，是捕食螟蛾、稻苞虫、蝗虫、蝼蛄、叶蝉、蟋蟀等30多种水稻害虫的能手，日食害虫达70多只，年均消灭害虫万余只。目前，因为滥用化肥农药、非法捕捉等原因，作为地方性保护动物的青蛙几乎销声匿迹。对于濒临灭绝的珍稀品种而言，最好的保护就是开展人工养殖。在人工养殖条件下，如果在稻田中投放3000只/亩左右的青蛙，不仅可以消灭虫害，而且会产生大量有机肥，每公顷稻田可节省碳铵150千克、磷肥25千克、钾肥15千克，从而大大节约肥料成本，实现良性循环。稻田养殖青蛙是最好的生态友好型养殖模式，不仅可以保护生态环境，还可以获得良好的经济效益，因此发展前景十分广阔。

提醒　　稻田养蛙，选取面积为5~10亩的稻田先做试验，待成功后再全面开展，不可盲目上马，以规避养殖风险。

第一节　稻田工程建设

　　选择水质良好、水量充足、周围没有污染源、保水能力强、排灌方便、不易被洪水淹没的田块进行稻田养蛙，面积少则5亩，多则50亩、100亩均可。一般以20亩为1个种养单元，主要目的是扩大青蛙的生存空间和便于机械化作业。

一、稻田改造

　　选择地域宽阔，交通方便，水源充足无污染的稻田，四周设置1.2米高的密网设置围栏，在进排水口设置铁丝网，以防青蛙外逃，加固加高田埂，在稻田中央挖出一个占稻田面积1/5的小池塘并设置网片围栏，池塘面积80~120米²。如果稻田太大，中间可设若干个小池塘，水深为40厘米。从田埂处架设木板桥到小池塘岸边，以便投喂饵料和日常管理。小池塘上空设置直径为0.5厘米的水管，让水滴滴在饵料台纱网上，使饲料产生动感，从而使青蛙摄食饲料。

(1) 挖沟　稻田水位较浅，夏季高温，尤其是早中晚温差变化大，对青蛙的生长发育有较大影响。因此，有必要在稻田田埂内侧四周开挖环形的蛙沟（简称环形沟），在田块里面开挖田间蛙溜（简称田间沟），既可作为水位减退或晒田、施肥、喷施农药时青蛙的栖息处，也可作为夏季高温时青蛙的隐蔽、遮阳场所。在保证水稻不减产的情况下，应尽可能增加环形沟和田间沟的面积，一般占稻田面积的8%~12%（图11-1）。

图11-1　稻田蛙沟

开挖方法：沿稻田四周，距田埂脚6~8米外开挖环形沟，沟宽1~2米、深0.4~0.6米。稻田面积在50亩以上的，需在田块中间开挖"十"字形田间沟，沟宽0.6~1米，沟深0.4米。面积小于5亩时则不必挖田间沟。

(2) 筑埂　利用开挖环形沟的泥土加固、加高、加宽田埂。加固田埂时每加一层泥土都要进行夯实，以防渗漏或坍塌。田埂应高于田面0.5~0.8米，田埂基宽2~3米，顶部宽1~2米，以方便物资运输。

二、围栏设施

稻田田埂和排水口应建围栏防逃设施。田埂上的围栏可用毛竹片和聚乙烯网片搭建而成，围栏上端要用网片制作宽15厘米的檐边。排水口

第十一章

的拦蛙网应用 20 目（孔径约为 0.85 毫米）的网片或钢丝网做成。

三、进排水设施

进排水口分别位于稻田两端，进水渠道或管道建在稻田一端的田埂上，进水口需用 20 目（孔径为 0.85 毫米）的长型网袋过滤水源，防止敌害生物随水流进入。排水口建在稻田另一端环形沟的低凹处。按照高灌低排的格局，保证水灌得进，排得出。

田埂基部至环形沟之间为操作台面，既可以起到护坡的作用不至于使田埂坍塌，又可以在上面用聚乙烯网搭建青蛙的饵料台，还可以在上面种植南瓜、土豆、花生、丝瓜等农作物，为青蛙提供遮阳栖息场所和饵料。

第二节 水稻的种植

一、水稻播种

1. 水稻品种的选择

养蛙稻田选择种一季稻或两季稻均可。水稻品种要选择叶片开张角度小、茎秆坚硬、不易倒伏、抗病虫害、耐肥性强的高产优质紧穗型品种，尽可能减少在水稻生长期对稻田施肥和喷洒农药的次数，确保青蛙在无公害绿色的环境中健康生长。通常选择直播稻，如 Y 两优 900、黄华占等优质稻种。

2. 稻田的整理

整理稻田时，田间还存有大量的青蛙，使用农具容易对青蛙造成伤害。为保证青蛙不受影响，建议：①采用稻田免耕抛秧技术，所谓"免耕"是指水稻移植前稻田不经任何翻耕犁耙；②采取围埂办法，即在靠近蛙沟的田面，围上一周高 30 厘米、宽 20 厘米的土埂，将环沟和田面分隔开，以利于田面整理。整田时间尽可能短，以免沟中幼蛙因长时间密度过大、食物匮乏而发生病害和死亡。

3. 施足基肥

施肥的要求是重施基肥、轻施追肥，重施农家肥、轻施化学肥。对于养蛙一年以上的稻田，由于稻田中稻草腐烂和青蛙粪便为水稻提供了足量的有机肥源，一般不需再施肥。而对于第 1 年养蛙的稻田，可以在插秧前的 10~15 天，每亩施用农家肥 200~300 千克、尿素 10~15 千克，均匀撒在田面并用机器翻耕耙匀。

4. 秧苗移栽

秧苗一般在 6 月中旬开始移植，采取浅水栽插，条栽与边行密植相结合的方法，养蛙稻田宜推迟 10 天左右。无论是采用抛秧法还是常规栽秧法，都要充分发挥宽行稀植和边坡的优势，移植密度以 30 厘米×15 厘米为宜。这样，青蛙摄食和栖息的范围相对较大，即使到了水稻分蘖抽穗期，仍可留有较大的活动空间，从而确保青蛙生活环境的通风透气和采光性能好，这对青蛙的生长非常有利，也减少了水稻纹枯病、白叶枯病和稻瘟病的发生。

二、水稻的管理

1. 水位控制

水位控制的基本原则是既可晒田，又能使青蛙不因缺水而受到伤害。具体方法是：每年 3 月，为提高稻田内水温，促使青蛙尽早出来觅食，稻田水位一般控制在 30 厘米左右；4 月中旬以后，稻田水温已基本稳定在 20℃ 以上，为使稻田内水温始终稳定在 20~30℃，以利于青蛙的生长，稻田水位应逐渐加深至 50~60 厘米；越冬期前的 10~11 月，稻田水位以控制在 30 厘米左右为宜，这样既能够让稻兜露出水面 10 厘米左右，使部分稻兜再生，又可避免因稻兜全部淹没于水下，导致稻田水质过肥而缺氧，影响稻田中饵料生物的生长；越冬期间，要适当加深水位进行保温，一般控制在 40~50 厘米。

2. 适时追肥

为促进水稻稳定生长，保持中期不脱力，后期不早衰，群体易控制，在发现水稻脱肥时，建议施用既能促进水稻生长、降低水稻病虫害，又不会对青蛙产生有害影响的生物复合肥。施肥方法是：先排浅田水，让青蛙集中到环沟中再施肥，这样有助于肥料迅速沉淀于底泥中并被田泥和禾苗吸收，随即加水至正常深度。也可采取少量多次、分片撒肥或根外施肥的方法。严禁使用对青蛙有毒有害的化肥（如氨水和碳酸氢铵等）。一般情况下，青蛙粪便就能满足水稻生长，不需要施肥。

3. 科学晒田

晒田是水稻栽培中的一项技术措施（又称烤田、搁田、落干），即通过排水和日晒田块，抑制无效分蘖和基部节间伸长，促使茎秆粗壮、根系发达，从而调整稻苗长势、长相，达到增强抗倒伏能力及提高结实率和粒重的目的。养蛙稻田晒田的总体要求是轻晒或短晒，即晒田时，

使田块中间不陷脚，田边表土不裂缝和发白。田晒好后，应及时恢复原水位，尽可能不要晒得太久，以免导致环形沟中的青蛙密度过大、时间过长而产生不利影响。

第三节 稻田养蛙模式

一、建立仿生态条件

青蛙的生存、繁衍所需的生态环境是在漫长的生物进化过程中形成的。生态环境的相对稳定，是保证青蛙种群和资源量稳定的前提。自然的变迁和人类的生产、生活等活动的影响，使原有的生态环境发生了较大的变化，已不适合青蛙生存。现在，人们运用生态技术手段，使环境条件改善和恢复到与原始生态条件基本相似，叫仿生态条件。

在人工建造青蛙的仿生态条件时，先用生石灰或漂白粉对稻田环形沟进行清池消毒，排水清池每 100 米^{2}用生石灰 10 千克，或带水清池，用生石灰 20 千克；如果用漂白粉清池，则量分别为 1 千克和 2 千克。

消毒 3~5 天后，可在环形沟内移栽水生植物，为青蛙生活、栖息建立仿生态场所。可栽植轮叶黑藻、马来眼子菜、菱角、水花生等，栽植面积控制在环形沟面积的 10% 左右。

> 小面积的稻田养蛙，投放蝌蚪成本低，效益好；大面积适宜投放个体较大的幼蛙，主要是捕食和抵抗敌害能力强。

二、稻田养殖模式

稻田养蛙在蛙种（幼蛙或蝌蚪）方面比池塘养蛙的要求要高，规格小于 3~5 克/只的蝌蚪投放稻田成活率很低，生长速度很慢，难以见效。所以投放大规格幼蛙是稻田养蛙的关键所在。稻田生态养蛙可分为 3 种模式。

1. 蛙卵放养模式

每年 4 月中旬，每亩稻田水面用生石灰 15 千克进行干法消毒。7 天后注水，水深 40 厘米，加入发酵过的有机肥 150 千克，5 天后将蛙卵入田，密度为每亩 2~3 个卵块，预计出苗 6000 只蝌蚪。由蛙卵直接在稻田中养到成蛙。

2. 蝌蚪放养模式

稻田初次养蛙时，可在上一年水稻收割后进行稻田工程建设，待第2年6月稻田插秧后，即可投放蝌蚪。往稻田的环形沟和田间沟中投放3~5克/尾的大规格蝌蚪，每亩投放2000~3000尾，根据饲料来源情况可对放养密度适当调整。这种模式养殖的青蛙，当年10月规格将达到30~70克/只，即可捕捞上市并获得较好的收成。选择优质健壮、规格整齐的越冬蝌蚪，经消毒，每亩稻田放养5000尾。

3. 幼蛙养殖模式

在每年插秧之前，往稻田的环形沟和田间沟中投放5~10克/只的幼蛙，每亩投放3000~5000只，根据稻田饲料生物的多少和拟投人工饲料的情况，对放养密度做适当调整。幼蛙下池前，须用3%~4%的食盐溶液浸浴5~10分钟，或用10~20克/米^{3}的高锰酸钾溶液浸洗20分钟，以杀灭其体表寄生虫或病菌。放养时，环境温度与水温温差不宜超过2℃，以利于提高青蛙苗种的成活率。

第四节　稻田饲养管理

一、幼蛙驯食

幼蛙变态收尾后开始驯食。具体方法是：在稻田中的小池塘中央设置饵料台，每天投喂活饵（水蚯蚓、黄粉虫、蝇蛆等）及漂浮性颗粒饲料。投喂时，将饵料台上空特意安装的水管打开，滴下的水滴，会使漂浮性颗粒饲料产生动感，从而引诱幼蛙到饵料台摄食。刚开始时活饵料所占比例较大，随后逐渐减少，直至完全投喂人工饲料。也可以直接在稻田边缘设置饵料台，在台上驯食，诱导青蛙集群觅食。饵料必须新鲜，每隔一段时间，需要投喂药饵料，直至幼蛙体重达50克/只以上，并产生了定点摄食的习惯，可以把小池塘周边的围网打开，让青蛙进入稻田自行觅食。

稻田中青蛙
扎堆摄食

二、饲料投喂

在稻田水温上升至16℃左右时，青蛙开始摄食，可投喂少量饲料进行驯化，使青蛙尽快开食，以延长其生长期。投喂量应根据天气、水温和青蛙的摄食情况灵活掌握，使其达到七成饱即可，以促使其到稻田里觅食摇蚊、稻飞虱、螟虫等水稻害虫。投喂的饲料要营养丰富、新鲜、无污染、无腐败变质。设置饵料台，先用膨化颗粒饲料驯食，待其习惯后投喂模式才得以固定，这样能及时了解青蛙的摄食情况（图11-2）。

图11-2　稻田养蛙

每亩稻田设置3~5个饵料台，面积2~3米^2，饵料台平放于稻田田埂处，便于青蛙上台觅食。当水温低于12℃时，可不投喂。看水色情况，当水质偏瘦时，应及时在稻田的环形沟中追施腐熟的农家肥，农家肥用量为100~150千克/亩。

在稻田里养蛙，青蛙排泄的粪便和剩余饵料为水稻提供了有机肥料，水稻不用施肥照样长得好。同时，水稻害虫也被青蛙消灭，进一步保证了水稻和青蛙的品质。

每年11~12月要保持田面水深30~50厘米，随着气温的下降，逐渐加深水位至40~60厘米。第2年的3月，水温回升时，用调节水深的办法来控制水温，促使水温更适合青蛙的生长。调控的方法是：晴天太阳光照强烈，水可浅些，以便水温尽快回升；阴雨天或寒冷天气，水应深蓄保温。

三、饲养管理

当蝌蚪长成幼蛙时，或在稻田投放幼蛙时，主要做好以下饲养管理。

（1）调节水质　要保持田间水体水质清爽，经常检查进排水口和田埂的保水性能，防止旱、涝。

（2）预防疾病　青蛙发病主要源于外伤感染，要以预防为主。在小池塘中定期挂袋消毒，遇有病蛙应及时隔离，并加大药量进行消毒，同时投喂药饵料。

（3）分级饲养 按蛙体大小及时分开饲养，避免大吃小现象，每月筛选1次，把较大的青蛙选出来，放于暂养池中，加大饲养强度，择价出售。

（4）敌害防控 防止老鼠、水蛇、其他蛙类、各种鸟类及水禽等进入稻田，发现了要及时清除和驱离。它们会捕食青蛙，与青蛙争食抢食，传播疾病等。为防控鼠类，应在稻田埂上多设置电捕鼠器、鼠夹、鼠笼加以捕杀或投放鼠药加以毒杀。

四、青蛙的捕捉方法

青蛙的捕捉工具主要是地笼（图11-3）。在稻-蛙共作模式中，因先期投放的幼蛙规格基本一致，所以成蛙的大小也应该基本相同。基本思路是在一个田块中集中捕捉完后再继续到下一田块捕捉。捕捉方法是：采用网目2.5~3厘米的大口地笼，开始捕捉时，不需排水，直接将带有诱饵的地笼放置于稻田及环形沟内，每隔2天转换一个地点，捕捉效果好。采用这种方法时，必须将地笼的两端露出水面，防止青蛙无法到水面上呼吸而窒息死亡。当捕捉量渐少时，再将稻田中的水排出，使青蛙落入环形沟中，再集中放地笼捕捉。

图11-3 地笼捉青蛙

第十二章 莲藕田养蛙

第一节 莲藕田工程建设

提示

> 荷叶遮阳面积大，藕池水温总保持在 16～18℃，长期低温，青蛙摄食量小，代谢慢，难生长。在做基础建设时，要留出 1/3 的面积不种藕，用于晒水提温。

在自然状态下，青蛙和莲藕是可以互利共生的。通过生产实践，现已成功地探索出了青蛙-莲藕共作高效模式。青蛙-莲藕共作高效模式不仅效益好，亩平均产值可达 15000 元以上，分别比单纯种莲藕或养蛙增收 80%、60%，还突显了生态效益，莲藕田为蛙提供了丰富的食物来源、攀缘物和荫蔽的环境。青蛙以藕田中的软体动物、水生昆虫、杂草等为食，排出的粪便又是莲藕的有机肥料，使莲藕长势更好，增加农民收入，还可以为水产加工企业（藕、藕带、莲子等加工企业）提供加工原料，是一个多赢的种养好模式。栽种莲藕的水体大体上可分为莲藕池和莲藕田两种。莲藕池多是农村塘坑，水深多在 0.5～1.8 米，栽培期为 4～10 月。莲藕叶遮盖整个水面的时间为 7～9 月。莲藕田多是低洼田，水浅，一般为 10～30 厘米，栽培期为 4～9 月。莲藕田（池）资源丰富，但养殖青蛙的很少见，这就使莲藕田（池）中的天然饵料生物得不到充分利用，难以提高单位面积的综合经济效益。莲藕与青蛙共作有两种模式，即莲-蛙共作（以采莲子为主）和藕-蛙共作（以采藕为主）。这两种模式在种养环境条件和管理要求上都基本相同（图 12-1）。

图 12-1　莲藕池养蛙

一、莲藕田准备

1. 田间工程

选择通风向阳、光照好、池底平坦、水深适宜、保水性好、水源充足、进排水设施齐全，面积为 10~100 亩的藕池或藕田用来养青蛙。

首先，对一般藕田进行基本改造，可按"田"字形或"十"字形挖蛙沟和蛙溜，沟宽 3~4 米、深 1~1.5 米、距池埂 2 米左右。对于面积在 10 亩以下的小型藕田，可以只挖环形沟，还要留出 20% 的敞水区，该区用石棉瓦或钢丝网作围栏，以便限制莲藕进入生长，从而扩大光照晒水面积，提高水温。还可以在该区搭建晒台，这一点至关重要。否则，由于藕荷叶遮阳面积大，荷叶底部难以见到阳光，藕田水将长期处于低温状态，即使气温达到 40℃，水温也难以超过 20℃。低温状态下，青蛙摄食少，生长难。

其次，加高加宽加固池埂，池埂要高出水平面 0.5~1 米，埂面宽 3~4 米。在高温季节、藕池浅灌、追肥、施药等情况下，一方面为青蛙提供安全栖息的场所，另一方面还可在莲藕抽苔时，控制水位，防止青蛙进入莲藕田危害莲藕。还要防止汛期大雨后发生漫田逃跑现象。田埂四周用网片作围栏，防止青蛙外逃。在莲藕池两端对角设置进排水口，进水口须高出池水平面 20 厘米以上，排水口比田沟略低即可。进排水口须安装过滤网罩，以防止青蛙外逃和敌害生物进池。

2. 消毒施肥

莲藕田的消毒施肥应在放养幼蛙前 10~15 天进行，每亩莲藕田用生石灰 100~150 千克，兑水全田泼洒，或选用其他药物对莲藕

田、沟进行彻底清池消毒。施肥应以基肥为主，每亩施有机肥1500~2000千克，要施入莲藕田耕作层内，一次施足，减少日后施肥追肥数量和次数。

二、莲藕种植

1. 栽培季节

莲藕的生长要求温暖湿润的环境，主要在炎热多雨的季节生长。当气温稳定在15℃以上时就可栽种，长江流域在3月下旬至4月下旬，珠江流域及北方地区要分别比长江流域栽种的时间提早或推迟1个月左右，有的地方在气温达12℃以上即开始栽种。总之，栽种时间宜早不宜迟，这样使其尽早适应新环境，延长生长期。栽种时间不宜太早或太晚。太早，地温较低，种藕易烂，即使栽种幼苗，也易冻伤；太晚，藕芽较长，易受伤，对新环境适应能力差，生长期也短。故适时栽种是提高藕产量的重要一环。

2. 选择莲藕种

莲的品种宜选择江西省的太空莲36号和福建省的建选17号。这两个品种花蕾多、花期长、产量高、籽粒大，深受欢迎。

藕种应选择少花无蓬的品种，如产于江苏苏州的慢藕，产于江苏宜兴的湖藕，武汉市蔬菜科学研究所选育的鄂莲二号和鄂莲四号等都是品质好的莲藕。

莲藕的种子虽有繁殖能力，但易引起种性变异，因此，生产上无论是藕莲还是子莲，均不采用莲子作种子，而是用种藕进行无性繁殖。种藕的田块深耕耙平后，放进5厘米左右的浅水后栽种。排种时，按照藕种的形状用手扒开淤泥，然后放种，放种后立即盖回淤泥。通常斜植，藕头入土深10~12厘米，后把节梢翘在水面上，种藕与地面倾斜约20度，这样可以利用光照提高土温，促进萌芽。

3. 适时种植

种植莲藕的季节一般在清明节前后，要在种藕顶芽萌发前栽种完毕。等藕种成活后即是放养幼蛙的最好时期。种植前水位控制在50厘米以下，以10厘米水深为宜，每亩选种藕200支，周边距围沟1米，行株距以4米×3.5米为宜，边厢每穴栽3支，中间每穴栽4支，每亩栽50穴左右。栽时藕头呈15度角斜插入泥中10厘米，末梢露出泥面，边厢的藕头朝向田内。

第二节 幼蛙的放养

一、环境营造

莲藕田养蛙，要人工营造适合青蛙生长的环境，在田沟内移植伊乐藻、轮叶黑藻、苦草、空心菜、茳草、菱、菇等水生植物，为青蛙苗种提供栖息、嬉戏、隐蔽的场所。

二、投放幼蛙

莲藕种植后，可根据实际情况选择养蛙模式。在每年的3~5月，在莲藕移栽前后，从已培育的幼蛙中，选择规格一致、性别一致的个体分田块饲养，避免个体大小悬殊造成摄食不均的现象。

初次投放的幼蛙，规格可以稍大些，一般为3~5克/只，每亩放养2000~3000只，在投喂人工饲料和饲料充足的情况下，经过5~9个月的饲养，个体可达到30~50克/只。这种规格的生态蛙，很受消费者欢迎，价格为40~60元/千克，效益十分可观。

三、饲料投喂

对于莲藕田养蛙，投喂饲料同样要遵循"四定"的投饲原则。投喂量依据莲藕田中天然饵料的多少和青蛙的放养密度而定。投喂饲料要采取定点的办法，即在水较浅、靠近深沟的区域拔掉一部分藕叶，使其形成明水区，投喂在此区内进行。在投喂饲料的整个季节，遵守"开头少、中间多、后期少"的原则。

成蛙养殖要设置饵料台，要将饲料投在饵料台上。有条件的地方，可以辅以投喂蚯蚓、黄粉虫等饵料，保持饲料蛋白质含量在25%左右。6~9月水温适宜，是青蛙的生长旺期，一般每天投喂1~2次，时间在9：00~10：00和日落前后或夜间，日投喂量为青蛙体重的5%~8%；其余季节每天可投喂1次，于日落前后进行，或根据摄食情况于第2天上午补喂1次，日投喂量为青蛙体重的1%~3%。饲料应投在池塘四周的浅水处，在青蛙集中的地方可适当多投，以利于其摄食和饲养者检查。

第三节 饲养管理

一、水位调节

莲藕的生长旺季灌深水由于莲藕田补施追肥及水面被荷叶覆盖，水

体因光照不足及水质过肥，水色常呈灰白色，水体缺氧，在后半夜尤为严重。在饲养过程中，要定期加水和排出部分老水，调控水质，保持田水溶氧量在4毫克/升以上，pH为7.0~8.5，透明度在35厘米左右。每15~20天换1次水，每次换水量为池塘原水量的1/3左右。

适时追肥，莲藕立叶抽生后追施窝肥，每亩追施优质三元复合肥和尿素各10千克。快封行时，再满田追施肥料1次，每亩追施优质三元复合肥和尿素各15千克。莲盛花期还要再追肥1次，每追施优质三元复合肥和尿素各20千克，确保莲蓬大，籽粒饱满。追肥时，如果肥料落于叶片上，应及时用水清洗。

科学投喂，由于莲藕田水草茂盛，各种底栖动物、有机碎屑等丰富，一般不需投喂人工饲料。可在田沟内移植一些水草，在青蛙的生长旺季可适当地投喂一些颗粒饲料，先期驯食是关键。每天早、晚坚持巡田，观察沟内水色变化和青蛙的活动、吃食和生长情况。

做好病虫防治，莲藕田病害主要有褐斑病、腐败病、叶枯病等。要选用无病种藕，栽种前用绿亨一号2000倍液，或50%多菌灵800倍水溶液浸藕种24小时。发病初期，选用上述药剂喷雾防治。虫害主要有斜纹夜蛾、蚜虫、藕蛆。对斜纹夜蛾，需人工采摘三龄前幼虫群集的荷叶，踩入泥中杀灭。蚜虫可在田间插黄板诱杀。藕蛆可作为青蛙的食源，无须防治。

二、莲子、藕带和莲藕的采摘

1. 藕带采摘

莲-蛙共作模式中，藕带是主要的经济收入之一；藕-蛙共作模式一般不采摘藕带。藕带是莲的根状茎，横生于泥中，并不断分枝蔓延。新鲜的藕带有较好的脆性、风味佳、营养丰富，是人们餐桌上的美味佳肴。采摘藕带是增加种莲收入的重要途径，每亩可采藕带30千克。新莲田一般不采藕带，2~3年的座兜莲田要采摘，3年以上应重新更换良种。藕带采摘期主要集中在每年的4~6月。4月上中旬开始采收，5月可大量采收。采收的方法是找准对象藕苫，右手顺着藕苫往下伸，直摸到苫节为止，认准藕苫节生长的前方，用食指和中指将苫前藕带扯出水面，再用拇指和食指将藕苫节边的带折断洗净。采后运输销售时放于水中养护，防氧化变老。

2. 莲子采收

莲-蛙共作模式中，莲是又一主要的经济收入，在藕-蛙共作模式中，莲是副产品。鲜食莲子在早晨采收上市。准备加工通心白莲的采收八成熟莲子，除去莲壳和种皮、通除莲心，洗净沥干再烘干。采收壳莲的，待老熟莲子与莲蓬间出现孔隙时及时采收，以免遗落田间。

3. 莲藕的采挖

在藕-蛙共作模式中，藕是主要的经济作物，青蛙被当成是辅助收益，但实际上青蛙的收益往往要比藕高出多倍。10月上旬、中旬当莲藕的地上部分已基本枯萎时开始采收。越冬时只要保持一定水层，可一直采收到第2年2月下旬。采挖前先将池水排浅或排干，挖藕结束后清整好泥土，再灌水入池，进入下一生产周期。采收藕有两种方法，一是全田挖完。二是抽行挖藕，即抽行挖去3/4面积，留1/4面积不挖，作为第2年藕种。

三、莲藕田青蛙的捕捉方法

在当年4月投放的幼蛙，到当年年底，绝大部分的青蛙达到50克/只以上的商品蛙规格，可以开始捕捞了。将达到商品规格的青蛙上市，未达到规格的继续留在藕田内继续饲养，能够降低藕田中青蛙的密度，促进幼蛙快速生长。

在藕田捕捉青蛙，采用地笼捕捉法效果好，最后可采取干田捕捉的方法。

第十三章　菜-蛙共生养殖模式

菜-蛙共生养殖模式，是在蔬菜地里养青蛙，青蛙以害虫为食，种蔬菜不用农药，青蛙养 4~6 个月即可养成商品蛙出售，以提高经济效益。

第一节　菜-蛙共生的类型

一、蔬菜大棚种菜养蛙

在蔬菜大棚内把菜地修筑成垄状用于种植蔬菜，在垄的中间开挖沟渠或水凼，为蔬菜浇水提供水源，同时为青蛙提供栖息之地。大棚能够设置恒温的环境，是青蛙养殖的理想之地（图 13-1）。

图 13-1　菜-蛙共生养殖模式

二、菜地集中养蛙

通常以 1 亩地作为 1 个养殖单元，水面和陆地各占一半。水面主要用来投放幼蛙或青蛙亲本。陆地上可种植圆白菜、番茄、辣椒、冬瓜、丝瓜等叶面较大的蔬菜。

三、鱼塘菜地联合养蛙

将青蛙的水池与鱼塘综合利用，池塘用来浇灌菜地和投放幼蛙。将青蛙和鱼类用拦网隔开，分开饲养；以防青蛙捕食鱼苗鱼种。待鱼苗长成大规格鱼种，可以抵御青蛙捕食时，再收起围网，在池塘中既养鱼又养蛙，陆地用来种植蔬菜，经济效益高。

第二节 菜地准备与蔬菜种植

青蛙养殖基地要通风、透光，高温时节要能遮阳。蝌蚪池需用泥土池，因其透气性好，水温较为稳定。

一、田块选择与整修

按不同蔬菜品种对田块的要求，开挖好垄埂和田沟，施用厩肥或有机肥作为基肥，用农具或机械细化土壤，平整土地，做到精耕细作，便于播种和菜苗的移栽。对于先前的菜地，可以因地制宜，做简单的修整即可使用。

二、开挖水沟或水凼

由于青蛙生活环境要求潮湿或有水源，因此做菜地基本建设时，需要在蔬菜地的垄与垄之间开挖田间沟，也可以在每2个垄之间挖一条田间沟，方便浇水施肥，省工省时，也利于青蛙进入水中。

三、围栏防逃设施

在田块四周搭建防逃围网，主要防止老鼠、蛇、黄鼠狼、水鸟等敌害进入蛙池捕食青蛙。地上还要埋2米高的木杆、竹竿、金属钢管或水泥支撑杆，以架设防鸟害的天网，防止敌害从天而降，叼捕青蛙。

四、蔬菜播种

在普通菜地，蔬菜与青蛙综合种养模式中，水沟及排灌设施具有养蛙和种菜双重功能。蔬菜至少种2季，待第1季菠菜、白菜、萝卜等蔬菜收获了，第2季可以种植各种藤蔓蔬菜（如黄瓜、丝瓜、豆角、冬瓜等），为青蛙的放养提供良好的生态环境。青蛙的饲料就是菜地里的蚯蚓和蔬菜的各种害虫。养殖场可饲养蚯蚓，蚯蚓粪便是最好的肥料，是蔬菜作物优质的有机肥，蚯蚓则是青蛙最爱的饲料。菜地的水沟、水凼就是青蛙繁育场。青蛙养殖周期为4~6个月，每亩生产200千克成蛙，可以增收6000元以上。再加上立体养殖，种养结合，生产的蔬菜达到无公害农产品-有机蔬菜的标准，价格翻番，显著提高了菜地的产能。

在蔬菜大棚养蛙，需要在棚内中央挖宽 0.5 米、深 0.6 米的沟渠，水沟占地面面积的 10% 左右。青蛙以棚内蔬菜害虫为饵料，饵料不足时可以补喂人工饲料。经调查，一般每平方米可生产商品蛙 5 千克左右，则每个大棚（面积为 100 米² 左右）内可养青蛙 500 千克。根据青蛙的生长周期，一年可养 2 个周期，照此计算，每个大棚一年可产青蛙 1000 千克。按保底回收价格 36 元/千克计算，年收入可达 3.6 万元。

第三节 饲养管理

一、饵料投喂

对于菜地养蛙，投喂饲料同样要遵循"四定"的投饲原则。投喂量依据菜地田中天然饵料的多少和青蛙的放养密度而定。投喂饲料时要采取定点的办法，即在陆地区域设置饵料台，在饵料台上投饲。在整个季节遵守"开头少、中间多、后期少"的原则。

6~9 月水温适宜，是青蛙的生长旺季，一般每天投喂 1~2 次，时间分别在 9：00~10：00 和日落前后或夜间，日投喂量为青蛙体重的 3%~8%；其余季节每天可投喂 1 次，于日落前后进行。

二、管理方法

在蔬菜生长旺季，要保持菜地浇灌用水和青蛙生活用水，夏季缺水会导致青蛙脱水，或因高温致死。调控水质，保持菜地池水清新，每 15~20 天换水 1 次，每次换水量为地沟或水凼原水量的 1/3 左右；每 20 天左右泼洒一次生石灰水，每立方米水体用生石灰 20 克，在改善池水水质的同时，减少了水中的致病微生物，促进青蛙的健康生长。适时追肥是种好蔬菜的重要环节，以施用有机肥为主，对青蛙不会造成危害。

三、病害防治

蔬菜病害较多，不是所有的病害青蛙都可以消灭的，所以，有时也要使用少量农药，在蔬菜发病时，尤其是病毒病，要选择分片区喷雾防治，谨防青蛙中毒。

第十四章 青蛙的越冬

第一节 青蛙越冬条件

青蛙是变温动物,当外界环境温度降到15℃以下时,青蛙体温随之降低,新陈代谢减慢,摄食也随之停下来,活动减少。10℃以下就完全进入冬眠期。潜入洞穴或池底泥中蛰伏,这就是青蛙的冬眠现象。

当年的幼蛙养至年底,若饲料供应不足或水温过低,绝大部分已长成了成蛙和种蛙,也会有少量幼蛙存在。当水温降至6℃、气温为10℃左右时,即每年10月底至11月初的这段时间,青蛙进入冬眠状态。在冬眠前后要做好幼蛙的冬季管理工作。

一、增加营养

青蛙的幼蛙、成蛙及种蛙,在进入冬眠前的1个月,要保证饵料的供应,并适当多投喂高蛋白质饵料,以增强青蛙体质和在体内储备大量的营养物质。这样既提高了青蛙的抗寒能力,又增加了青蛙越冬期间维持体温的能量来源。对于当年较早孵化出来的蝌蚪,应加强饲养管理,促进变态,至少在越冬前有约1个月的生长时间。对于较晚孵化出来的蝌蚪,则宜控制变态而以蝌蚪形态越冬。

二、改善越冬场所

变态后的青蛙一般选择在避风、避光、温暖、湿润的地方(如洞穴、淤泥中及可供藏身的石块、土坯、木板和草垛下)。根据这一特点,可以人为地创造一些适于青蛙安全越冬的场所。

1. 地下冬眠

幼蛙常潜伏于离冰冻层30~40厘米处潮湿的池边洞穴、树根空隙处越冬。根据这一习性,可在入冬前人为地给幼蛙提供越冬条件,便于幼蛙顺利越冬。

2. 洞穴越冬

在养蛙池周围，选择向阳、避风、离水面 20~30 厘米的地方，挖数个直径为 13 厘米、深 1 米的洞穴，洞穴要保持湿润，但不能让池水淹没洞穴。一般每个洞穴内都有 5~7 只青蛙聚集越冬。到 11 月底，在洞口堆放一些稻草以保温，青蛙大多能平安越冬。但在正常情况下，青蛙会在进入冬季前的雨季里，自行掘洞并进入洞穴越冬。

3. 塑料棚越冬

在原幼蛙池离水面 30 厘米高处，悬盖塑料薄膜，以保护青蛙越冬，也可在池上用竹木或钢筋搭成拱形或人形的棚，棚顶距地面约 2 米，上盖两层塑料薄膜，与池边连接成密封的温罩，周围用泥土将薄膜密封，薄膜上最好再盖一层疏网，以防大风把薄膜吹坏。当外界气温降至 0℃以下时，薄膜上可再盖一层稻草帘。晴天则掀开草帘以使阳光射入增温，使越冬池保持在 10℃ 以上。开春气温上升，则逐渐揭开塑料薄膜，让空气流通，不致棚内过热。

4. 草棚越冬

在幼蛙池的东北面堆一个土丘以挡北风，离水面 30 厘米处架一个大草棚，草棚四周与池边相临，在池的东北深处放置几个瓦筒，供青蛙群集越冬。在整个冬季，水温可保持 10℃ 左右，经 4 个月的越冬期，青蛙生长良好。

5. 草堆越冬

在养殖池向阳背风方向，堆一个草堆，或先铺厚 50 厘米的松土，上盖稻草，保持湿润，再覆盖一层塑料薄膜。当气温下降时，青蛙均能自行钻入草堆中越冬。如果遇特殊的寒冷天气，则可加盖更厚的稻草，再加盖一层塑料膜保温。

6. 深水层潜水越冬

入冬前，将幼蛙池的水位加深至 1 米，由于蛙池底下有 30~50 厘米厚的淤泥，青蛙会自行钻入淤泥。淤泥一则具有保温性能，二则会因发酵而放热，可使水温升高 2℃。这样，青蛙也能在深水淤泥内安全越冬。

7. 厂矿余热加温越冬

在厂矿附近挖建一个预热池和一个越冬池，预热池水温达到 23~28℃ 时再灌入青蛙越冬池，不可将废热水直接引入青蛙越冬池，以免水温过高或含有毒物质而烫死或毒死青蛙。

第二节　越冬管理

一、水温调控

保温是青蛙安全越冬的关键环节。当水温低于5℃时，一方面，可以在蛙池加深水层延缓水温降低，或在池上搭棚覆盖稻草、芦苇等保温，在池上搭棚覆盖塑料薄膜增温等，或可经常用水温较高的井水、温泉水及工业锅炉热水等保持水温，也可采用电灯等热源加温。有条件的养殖场可让青蛙在人工控温环境下越冬，这对于很多养殖户是难以办到的。实践证明，搭棚覆盖塑料薄膜保温的形式投资少，但有明显的增温保温效果，既可确保青蛙安全越冬，而且在晚秋至初冬及早春可使温度增至休眠温度以上，缩短青蛙的休眠期，再及时投喂，青蛙体重就会明显增加。

二、水质调节

青蛙在水下冬眠，主要通过皮肤吸收水中的溶解氧进行呼吸，从而维持体温和生命。青蛙在水温高于10℃的条件下会活动、摄食。因此，越冬期间也应注意经常加水、换水，保持水质清新和足够的溶解氧量。一般每个月须换一次水。若温度高、青蛙密度大、青蛙活动多，则应多换水。

三、合理投喂

越冬期间，冬眠的青蛙不吃不动，不需投喂饵料。但温度上升到10℃以上时，青蛙开始活动并摄食。摄食量虽少，但会随着温度的增高而增加。因此，越冬期间应根据蛙池内温度的变化及青蛙的摄食量，适当投喂蚯蚓或其他动物性饵料。

四、预防病害

青蛙在越冬期间极易受到敌害的攻击，应注意防除敌害。经常巡查养殖池，查看保温效果、青蛙状态、有无敌害等情况。发现问题及时处理，如发现死蛙，要及时清除；发现病蛙，及时治疗；发现敌害，尽快驱除。

第十五章 成蛙的捕捉与运输

第一节 成蛙的捕捉方法

　　青蛙作为鲜活水产品，受欢迎的商品规格为 40~80 克/只。这一规格的青蛙已度过了快速生长期，是比较合理的上市规格。青蛙的捕捉方法很多，可根据各自所养品种及自己的条件选择不同的捕捞方法。

　　青蛙销售一般在每年 8 月至 12 月初，进入冬季气温低时，青蛙进洞或泥底越冬，捕捉困难。如果采用水泥池加水草的高密度越冬，待到元旦、春节就可赶上市场好价。

一、拉网捕捉

　　对于在水较深、面积大的养殖池、池塘、沟等水体内密集精养的青蛙，可采用有囊兜的大拉网捕捞。先清除蛙池内的杂物和饵料盘、棚架等，然后迅速拽拉大拉网围捕。如需要将池内的青蛙一次捕净，则需排干池水，然后用手抄网捕捉并装入编织袋中。

二、地笼捕捉

　　捕捉青蛙最为有效的方法就是在蛙池或稻田中设置地笼（图 15-1）。选用直径为 4~6 毫米的钢筋，加工制成边长 400 毫米的正方形框架，每 0.5 米为 1 节，用纲绳连接起来，外面再用网目为 2 厘米左右的聚乙烯网布包缠，两端制成长袋形的网兜，上端用乙烯网布做成宽 10 厘米的沿边，起导蛙作用，下端装有沉石。地笼每节设 2 个有须门的进口，每相连两节之间也设有一个须门进口，使青蛙只能进不能出。地笼的长度为 20~40 节，总长 10~20 米不等。

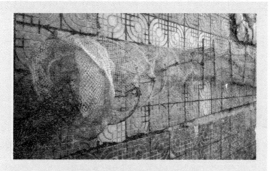

图 15-1　捕捉青蛙用的地笼

利用青蛙贪食的习性，在捕捞前适当停食 1~2 天，捕捞时在地笼中适当加入腥味较重的蚯蚓、蝇蛆等，以引诱青蛙进入地笼。当地笼下好后，可适当进行微流水刺激，保持一定的水流，增加青蛙活动量，促使其扩大活动范围，达到提高捕捞量的目的。一般每亩蛙池放置 1~2 个地笼，地笼每 1~2 天换一个地方。这种方法适宜捕大留小。将地笼置于稻田、池塘、湖泊等养殖水面中，两端要露出水面，或者将地笼放置在陆地上，然后进行人为驱赶，青蛙会立即进入地笼，再倒出地笼网兜中的青蛙，取大放小。如果地笼是随意放置的，则要密切观察网兜中的青蛙数量，可每小时收获 1 次，以防网兜中青蛙因密度过大使青蛙窒息而死。每隔 3~5 天将地笼取出水面，在阳光下晾晒 1 天，清除青苔污泥，防止脏污封闭网目。

捕捉青蛙的地笼

三、干池捕捉

如需捕捉干净池内的青蛙，则需排干池水，然后几人并排遍池捕捉。如果池底无泥，可一次性捕净；如果池底有泥层，可在晚上待蛙出泥活动时，用灯光捕捉漏捕的青蛙。

四、灯光捕捉

利用青蛙晚间到岸边、地面栖息和活动的习性，在夜间用手电筒光向蛙眼直射，青蛙因突然强光照射眼睛，一时木然不动，这时可乘机用手捕捉或用小捞网捕捉。小捞网类似于捕捞蝌蚪的抄网。用此方法捕捉青蛙，手电光要明亮，如果是若隐若现的暗光，青蛙就会觉察到人的移

动，从而逃避。这种捕捉方法不宜多用，连续采用后，青蛙见光就会逃入水中。

五、徒手捕捉

放干池水，操作人员左手提编织袋，右手捕捉青蛙，方法简单易行，但费时费力，少量捕捉时可用此方法。

第二节 商品蛙的运输

装运时应先洗净蛙体，然后装入包装用具。成蛙在装运前2~3天应停止投喂，以免运输途中排出粪便，造成包装用具内环境的污染。

由于商品蛙个体大、跳跃力强，可将装运工具分隔成若干小室，底部垫湿布或水草，每个小室内放入8~10只商品蛙。最好把每只商品蛙装入一小纱布袋内，浸湿纱布袋后放入各小室内，这样可避免青蛙互相拥挤、堆压致死，还可防止成蛙跳跃受伤。不论采用何种包装用具，在装入蛙后，要用湿布覆盖，然后容器加盖、启运。

> **经验** 常见的青蛙运输方法是，在8~9月的高温季节，预先在容积为1000升左右的大塑料箱中，装满0~4℃的低温水，为了保持水温恒定，可以在水中放入冰块，然后把装满青蛙的编织袋轻轻放入箱中，大约1分钟，青蛙全部冻僵进入休眠状态，再放入塑料筐中，装进冷藏车，运输时间可在4小时以上。

一、运输方法

1. 常温运输

常用的运输包装工具有运输筐和运输笼等（图15-2）。运输筐规格一般为70厘米×60厘米×60厘米，用编织袋先将青蛙装好，每袋10~15千克，再装入运输框中，这种方法适合短途运输。

运输笼一般用5厘米×5厘米的方木作支架，四周用铁丝网或窗纱固定，上、下层各放一木制70厘米×60厘米×10厘米的抽屉式笼。

2. 低温运输

低温运输使用空调车。进行青蛙的活体运输时，通常要控制水温，低水温可以降低青蛙的活动能力、新陈代谢和对氧气的消耗，以便降低死亡率，使其尽可能运送更长的距离，并增加装运时的密度。青蛙为变

图 15-2　青蛙运输塑料筐与编织袋装、泡沫运输箱

温动物，有冬眠的习性，选择适当的降温方法，使水温和体温缓慢下降，最终达到低温运输的要求。

低温运输并不是一种孤立的方法，通常可与其他各种运输方法混合应用。为了保证运输时青蛙的成活率，采取三级降温，由养殖水温 26℃左右逐步降至 12～15℃，然后把青蛙放入装有冰水混合物的塑胶袋中，袋中水温保持为 4～6℃。经过低温、充氧包装处理后，一般在 24 小时内运输是安全的，适合长途运输，这种方法需要反复试验，待技术成熟后方可实施，确保万无一失。

3. 麻醉运输

麻醉运输是采用麻醉剂抑制青蛙的中枢神经，使其失去反射功能，从而降低呼吸和代谢强度，是提高成活率的一种运输方式。当前已应用的水产类麻醉剂主要有 MS-222、盐酸普鲁卡因、碳酸和二氧化碳、三氯乙酸等。其中性能最好的是 MS-222，使用时，一般采用浸浴方法。先把 MS-222 溶于水中，其浓度为 1：（2000～3000）。麻醉时间可达 12 小时。将麻醉后的青蛙放入清水，可在 30 分钟内苏醒。麻醉运输，因为使用了药物，其气味降低了商品蛙的品质，建议少使用。

二、装运密度

装蛙的空间占有量以低于容器容积的 1/3 为宜。

三、装运工具

若采用常温装运时，由于成蛙个体大，跳跃力强，因此，要把每只成蛙放入纱布袋中，浸湿后再分别放入装运筐中（图 15-3）。这样，可以避免挤压和撞伤，可大大提高运输成活率。

图 15-3　青蛙装运筐

经验

　　青蛙运输宜选择在 10~28℃ 的凉爽天气。在夏季高温期间，应选择阴天或在晴天的晚上运输，应尽量缩短运输时间。

　　运输途中，一是应定时淋水，以除去过多黏液和降低温度，并保持较高的湿度，缩短运输时间，一般 3~5 天为安全运输期；二是注意防止强烈的震动；三是经常检查是否死蛙，发现死蛙应即时判明原因，并加以解决，同时捡出死蛙。青蛙耐饥饿能力强，途中不要喂食。

第十六章 青蛙病害、敌害防治与无害化处理

第一节 病害预防

一、青蛙发病的原因

导致青蛙发病的原因有如下几种：

1）池塘未清整消毒。池塘杂草丛生，为病原体繁育生长提供条件，或病原体及寄生虫没有有效杀灭，随后又繁衍致病。

2）投喂发霉变质的饲料，或饵料本身带有蛙体易感病菌或寄生虫，致使病原体进入蛙体，引起疾病。

3）投放幼蛙时，未经严格检疫消毒，将病原体带入，或幼蛙、成蛙本身质量不高，体质弱，不具备必要的抗病能力。例如，拉网、捕捞、运输等过程中的机械损伤，伤口暴露，则很容易受病菌感染。

4）幼蛙投放密度过大，饲养管理不当时，都会因蛙体生长发育受阻使抵抗力减弱，导致其对疾病易感。

5）病死青蛙未及时清除并妥善处理，使得病原体二次感染或交叉感染的机会大大增加。

6）气温和水温高，加速池中有机物分解及水生生物生长，消耗大量氧气，致使种群出现缺氧、窒息，使机体代谢受损。

二、青蛙疾病的预防

1. 切断病原体的传播途径

引发青蛙疾病的病原体主要通过池塘、青蛙、水源、饵料和肥料来传播。无论是饲养种蛙、成蛙、幼蛙，还是培育蝌蚪的池塘，放养前都要进行清塘消毒，杀灭池塘里的青蛙敌害生物和病原体，为青蛙创造一个良好的生活环境。清塘就是清除池塘里妨碍青蛙生活生长的杂物，并加固和修复池堤和防逃墙。消毒就是用药物等杀灭池塘内的病原体和敌

害生物。常用生石灰、漂白粉和茶粕等消毒。冬季还可以排干池水，日晒夜冻，也有一定杀灭病原体的作用。

2. 建立良好的生态环境

（1）防逃防敌害设施 以青蛙逃不出去为标准，一般设置双层防逃措施，内层为塑料布、纱网等光滑物，防止青蛙逃出，外层使用石棉板、水泥板，既可防逃又可防鼠、鸟、蛇等敌害，中间过道铺平沙土。

（2）遮阳避雨设施 遮阳与避雨应相结合进行，常用塑料布、遮阳网、石棉瓦、草棚等，青蛙不需直射阳光，散色光完全可以满足其要求。

（3）控制环境温度 夏季主要是防暑，地面温度不要超过 25℃，超过时要及时遮阳、喷水、通风降温，温度宜控制在 18～20℃。10 月中旬以后要注意防寒，防止发生冻害，要及时把青蛙放入越冬池。

3. 加强饲养管理，增强蛙体抗病力

（1）合理放养密度 放养时做到分级分池，使每个养殖池内青蛙个体的大小规格一致，并且放养的密度要适当。这样做可使青蛙生长较快且规格整齐，降低因出现弱小个体而发病的概率。

（2）科学投饲 饵料要适口新鲜，不投喂腐烂变质的饵料。饵料种类要多样化，以便做到营养供应平衡。人工配合饲料则要求营养成分全价平衡。投喂量应适当，根据青蛙的大小、数量、气温等情况灵活掌握，以投喂后 1～2 小时吃完为宜。投喂要有固定的时间和地点（如饵料台）。

（3）调节水质 要经常换水，防止水质恶化。

（4）加强日常管理 在引进种蛙前，要调查种源场是否有病情，绝不再出现疫情时引种。在购进、捕捞、转池时，对其使用的器具、放养的环境及要放养的蛙体要进行消毒。定期对栖息环境消毒，禁止使用有污染的水源及饲料。对进入场内的物资、车辆、用具等，要严格消毒，以免带进病原引发疾病。

4. 控制病原体蔓延

加强管理，使水质清新、水温不宜过高，这样可抑制病原体的繁衍。如果发现病蛙应及时隔离，死蛙应做无害化处理，以防病原体扩散。定期消毒池水，尤其是在蛙病流行的季节，坚持每 7～10 天用漂白粉、生石灰、鱼康宁、强氯精等的溶液，泼洒到蛙池里，以杀灭池水中和蛙体的致病菌或寄生虫。

5. 蛙体消毒和中草药预防

青蛙在分池或转池饲养和种蛙运输时，应对蛙体进行消毒，以消灭附着于蛙体表面的病原体，防止传播病原体。蛙体消毒一般采用药浴方法。定期制作和投喂药饵，饲料中拌入可预防青蛙红腿病、胃肠炎、歪头病的三黄散、板蓝根、维生素 A、维生素 E、维生素 C、乳酸菌、EM 菌等中草药和动物保护产品，能起到显著的预防作用。

制作药饵

第二节　常见疾病及防治方法

提醒

目前，发现危害青蛙最严重的疾病是脑膜炎和白内障，往往这两种病原由蝌蚪产地携带，所以在引种时，要做好疫情调查，引进优质蛙苗，做好疫病预防，是青蛙养殖成功的关键。

一、水霉病

【病因及症状】水霉病又称白毛病、肤霉病，本病由水霉菌寄生引起。在捕捞和运输青蛙过程中，体表受伤导致真菌感染后发生。蝌蚪尾巴、蛙四肢长有絮状白色菌丝，伤口处红肿、发炎，常因消瘦而死亡。水温在 10～15℃，发病后可用蛙宝水霉净全池泼洒。本病危害对象主要为蝌蚪，多发于春秋两季，水温在 20～25℃时易发，可使蝌蚪大量死亡。

【防治方法】

1）在捕捞运输时要格外小心，尽量避免蝌蚪机体受伤。

2）蝌蚪入池前，用食盐 20～30 克/升，浸泡 10～15 分钟。

3）操作受伤时，可用1%的甲紫涂抹伤口。

4）用 3 毫克/升高锰酸钾溶液全池泼洒。

二、红斑病

【病因及症状】红斑病又称出血病、蝌蚪暴发性败血病，由嗜水气单胞菌引起。发病时间为 4～10 月，水温 20～30℃。在各地都有发生。一旦发病蔓延很快，成为蝌蚪的主要病害之一，尤其是蛙池水温受天气影响，水体有机质含量高（氨氮、硫化氢、亚硝酸盐偏高），易暴发流行

本病。死亡率高，会造成蝌蚪大量死亡。多发生于即将长出后肢的蝌蚪，腹部、肛门附近及尾部有出血斑块，并在水面打转，腹部有血水流出，口唇红肿，眼球凸出、充血，严重时可引起蝌蚪大量死亡。

【防治方法】

1）应在夏末、秋初，气温由高温转低时，加深池水，借以改善昼夜温差的变化，这阶段要减小换水量。

2）稳定饲养条件，及时捞出残饵，发现病死蝌蚪要及时捞出掩埋。

3）发病季节，每10~15天用菌毒立克、鱼康灵、泡腾氯、溴氯海因粉等药物消毒水体。

4）定期投喂添加三黄散或保肝安等保肝护肝药物及维生素C的药饵，可增强蝌蚪的抗病能力。

5）每2万尾蝌蚪可用100万国际单位链霉素和青霉素浸泡。

6）用50克/升磺胺药物浸泡病蝌蚪30分钟。

三、细菌性烂鳃病

【病因及症状】蝌蚪的烂鳃病与鱼的烂鳃病类似，是由粘球菌侵入蝌蚪鳃部而引起的。本病在水温15℃以上开始发生和流行。发病时间：在我国南方为4~10月，北方为5~9月，7~8月为发病高峰期。粘球菌侵入蝌蚪鳃部引起炎症。病蝌蚪鳃丝发生腐烂，呈白色，鳃上常带黏液和污泥，造成蝌蚪呼吸困难，不久浮于水面，游动迟缓，进而死亡。

【防治方法】

1）定期用生石灰对蝌蚪池水进行消毒。

2）蝌蚪患本病后，每立方米水体施用生石灰20克，或每亩每米水深用生石灰15~20千克，调成水剂后全池泼洒，治愈率可达70%以上。

3）用1克/升漂白粉溶液进行全池泼洒，间隔24小时连泼洒2次。

四、腐皮病

【病因及症状】本病由奇异变形杆菌、克氏耶尔森菌、嗜水气单胞菌等引起。发病时间是4~10月，水温20~28℃。本病发病率高且传播速度快，死亡率也很高，是青蛙养殖的大患。尤其当水质恶化、蛙体受伤及营养不良、饲养密度过高时易大量发生。患病青蛙起初表现为体表皮肤分泌的黏液明显减少，皮肤湿润度下降，失去光泽并发黑，随后头背部的皮肤出现白色斑纹甚至裂纹，以后表皮开始逐渐腐烂脱落、露出内部肌肉，有时甚至整个背部肌肉裸露。同时，病蛙的四肢趾端出现红肿，关节发炎、肿胀。眼睛的瞳孔先是出现凸出的黑色颗粒，逐渐变白并扩展到全眼，导致失明，解剖病蛙可见其皮下和腹腔内有积水，内脏也呈现不同程度的病变。

【防治方法】

1）保持饵料来源的多样性，营养全面。

2）保持养殖池水质清新，定期换水和调节水质。

3）在饲料中添加免疫多糖或多维增强青蛙的免疫力。

4）发病高峰期定期用百炎清或菌毒立克、鱼康宁、泡腾碘、泡腾氯等药物消毒水体。

五、脑膜炎

【病因及症状】脑膜炎俗称"歪脖子"病（图16-1），由脑膜败血黄杆菌引起。患病青蛙或蝌蚪可出现神经性症状，如患病蝌蚪的头偏向一边，致使其游泳方向不能自行调整，在水中打转等。青蛙患病时，眼球凸出，双目失明，头部歪向一侧。因此，脑膜炎又称为歪脖子病。除了上述神经性症状之外，病蛙还表现出精神萎靡，摄食及其他日常活动均减弱趋于迟缓，肛门充血、红肿。解剖病蛙，见大量积水从其腹腔流出。有些患病的蝌蚪因腹部膨大而失去平衡，在水中仰游，并伴随有全身多部位出血的现象。尾部、腹部皮肤出现出血点或形成出血斑。解剖可见其脊柱两侧也有出血点或出血斑，肠道严重充血、发红，脾脏缩小而肝脏肿大、充血，呈深紫色。其体内脂肪层也明显比正常蝌蚪薄。本病是青蛙养殖最为严重的疾病，目前尚无有效方法治疗。

图16-1　"歪脖子"病

【防治方法】

1）定期对水体进行消毒，饲料中拌入维生素 A、维生素 C、维生素 E、三黄散和乳酸菌、EM 菌拌饵料投喂，提升蛙免疫力。

2）放养前用 50 克/升福尔马林浸泡池子 24 小时。

3）幼蛙与成蛙可用鱼服康、肠炎停或盐酸多西环素等拌料投喂，用量为 20~30 毫克/千克，连用 3~5 天。

4）病蛙无力上岸，应从水中捞出，放置无水区隔离饲养，待治疗恢复后再回池。

六、白内障

【病因及症状】病原为醋酸钙不动杆菌。病蛙症状表现为双眼有一层白膜覆盖，呈白内障状，剥离白膜后，眼部水晶体完好，后肢呈浅绿色，皮下肌肉呈黄绿色，解剖可见肝脏呈黑色、肿大，胆囊明显变大，胆汁呈浅绿色，肠基本正常。

本病主要危害幼蛙和成蛙，有传染快、死亡率高的特点，多发于春末、夏初。

【防治方法】

1）保持水体环境清洁，水体定期用 30 毫克/升生石灰水泼洒消毒。

2）保持饲料新鲜，并维持营养平衡，饲料中可适量添加维生素 C 及维生素 B。

3）用 0.3 毫克/升的三氯异氰尿酸水体泼洒消毒，每天 1 次，连用 2 天。

4）饲料中拌入氯霉素，每千克蛙用 30 毫克，每天 1 次，连用 5 天；或每千克蛙用庆大霉素 200 毫克，每天 1 次，连用 3~5 天。氯霉素对青蛙机体的造血机能及肝脏有损害，故使用时应避免高剂量、长时间使用。

经验　　得了歪头病和白内障病的青蛙，迅速缩小池水面积，增加日晒面积，将青蛙在干燥的地方饲养，配合药物治疗，效果会比较明显。

七、肠胃炎

【病因及症状】本病由点状产气单胞杆菌引起，主要危害幼蛙和成蛙，传染性强，死亡率高。发病时间为 6~9 月，水温为 25~32℃时易发

生，蔓延很快。当投喂腐败变质带菌的饲料，饲养管理不善和环境恶化时，易发生本病。

患肠胃炎的青蛙起初表现不安，喜欢东游西窜或常钻入泥中休息。随着病情发展，之后停止进食，离群独游，或躺在堤岸上阴凉处，缩头弓背，双目紧闭，反应迟钝，即使出现很大的响声也没有反应。挤压病蛙异常膨大的腹部会有浅黄色或带血丝的黏液或脓液从肛门流出。解剖病蛙可见其胃肠内无食物并充血、发炎。

【防治方法】

1）蝌蚪期要保持水质清新，每亩用生态增氧剂1千克，7天施用1次；或用优碘消毒，每10~15天1次。

2）幼蛙和成蛙，将土霉素10克、环丙沙星20克，拌入5千克黄粉虫，连喂5~7天，每月2次，并注意饵料要定时、定量投喂。

八、肿腿病

【病因及症状】本病由细菌引起，捕捉或运输过程中擦伤皮肤后被细菌感染易发本病。主要是成蛙易发。病蛙后肢腿部肿大，皮下积水，有时表皮充血、发炎，先是局部发炎，逐渐扩大到整个腿部，趾和蹼肿成瘤状。病蛙活动迟缓，厌食致死。

【防治方法】

1）在捕捉和运输时，不要擦伤青蛙的皮肤。

2）从外地引进青蛙时要用药物消毒。定期用1毫克/升漂白粉溶液全池泼洒。

3）把病蛙的后肢放入30毫克/升的高锰酸钾溶液中浸泡15分钟，每天1次，连续3天。

4）内服四环素，每次每只蛙喂服半片，每天2次，连服2天。病蛙也可每天每只注射40万单位青霉素，连续注射3天，效果明显。

第三节　敌害的防控

一、藻类

【原因】主要是青苔和微囊藻。主要危害蝌蚪，特别是小蝌蚪常会钻入青苔丝状体而被缠缚而造成死亡。如果大量繁殖，还会消耗池塘中的养料，使池水变瘦，抑制浮游生物的繁殖，从而影响蝌蚪的生长。微囊藻是蓝藻门的藻类，细胞呈球形，有伪空泡，很多细胞聚在一起形成

不规则群体。藻类细胞外有一层胶质膜，蝌蚪摄食后不能消化。如繁殖过盛，会引起蝌蚪池缺氧，造成蝌蚪死亡。

【防控方法】

1）蝌蚪放养前，每平方米池塘面积用生石灰 50~100 克，化水后全池泼洒，可杀灭青泥苔，或用草木灰撒在青苔上，青苔因得不到光照无法进行光合作用而死亡。

2）已放养蝌蚪的池塘，可用 0.2~1 毫克/升的硫酸铜溶液全池泼洒。

3）使用腐殖酸钠和青苔净清除藻类。

二、水蛭

【原因】水蛭属于环节动物门蛭纲。一般躯体呈扁形、柱形或椭圆形，体柔软，有前后吸盘。寄生于青蛙体表，头部钻入皮内吸食血液，虽然不能立即致死幼蛙及蝌蚪，但会影响其生长发育，同时，由于皮肤损伤，而易感染其他病原而发病。

【防控方法】

1）放养前可以用石灰水清池消毒。

2）每亩用叶蝉散 400~500 克，掺水 50 千克，用喷雾器喷施，或掺水 200 千克进行全池泼洒毒杀。

3）用 1 克/升的敌百虫对池水消毒；正在吸血的水蛭，可用 2% 的食盐水浸洗蛙体，清除水蛭。

三、龙虱和水蜈蚣

【原因】龙虱为鞘翅目的昆虫，龙虱科龙虱、灰龙虱等幼虫的统称，身体呈椭圆形。龙虱的幼虫叫水蜈蚣，主要危害蝌蚪。

【防控方法】

1）蝌蚪放养前，每平方米池塘用生石灰 50~100 克，化水后进行全池泼洒清塘消毒，可以消灭水蜈蚣。

2）在池塘进水时要用密网过滤，防止龙虱和水蜈蚣随水进入蝌蚪池。

3）也可用甲氰菊酯杀灭水蜈蚣。

四、鱼类

【原因】主要是鲤鱼、鲫鱼、鲶鱼等杂食性和肉食性鱼类吞食蛙卵和蝌蚪。

【防控方法】

1）彻底做好清池，消灭野杂鱼。

2）在进出水口处用密网过滤，防止杂鱼进入。

五、鼠类

【原因】老鼠、黄鼠狼是青蛙的主要天敌，主要是残害、吞食幼蛙及成蛙，它们的繁殖力强，食量大。

【防控方法】

1）对哺乳动物的防治主要靠随时捕杀或寻找洞穴进行捕杀。

2）定期用苹果、梨、萝卜等切成约 1~3 厘米的小块，拌入 1%~2% 安妥，制成毒饵，放在蛙池附近鼠洞边。鼠食入毒饵后，会引发肠血管充血、水肿等症状，在 12~72 小时内窒息死亡。此法灭鼠效果好，对人畜安全、无残毒。

3）防护墙、防护网罩保持完好，水池内的各孔口要设置细目耐腐蚀性的网罩，发现漏洞后及时修补。

4）用电捕鼠器电击鼠类（图 16-2），效果好，但要注意用电安全。

六、蛇类

【原因】蛇在水中生活，捕食青蛙和蝌蚪，危害比较严重。有些蛇类在陆地上捕食幼蛙。

【防控方法】对于蛇的防控可采取捕杀的方法。将能进出蛙场内的蛇洞堵死，不让它进入蛙场，如果发现蛇洞，应将洞挖开并消灭蛇类。

图 16-2　电捕鼠器

七、鸟类

【原因】苍鹭、池鹭、翠鸟、鸥、乌鸦、野鸭等水鸟适于水边生活，并吃食蛙卵、蝌蚪及幼蛙。

【防控方法】

1）对于鸟类的防控可采取驱赶的方法，但同时要注意保护鸟类，不得捕杀。

2）加固围墙等防护设施，养殖场上空搭建天网等，能进行有效防护。

第四节 无害化处理

一、无害化处理的意义

病死青蛙是主要的致病源载体，对公共卫生安全存在极大的隐患。尤其是规模化养殖企业，对病害动物的处理就显得更为重要的。《中华人民共和国动物防疫法》《重大动物疫情应急条例》等法律法规明确要求，对于病死水产品一律严禁宰杀、食用、出售和转移，必须采取深埋、焚烧等无害化处理，严禁疫情传播或水环境污染等事件发生。病害水产品应逐步纳入病害畜禽处理范畴。各地要建立健全病害动物及水产品集中处理制度，规范病害动物无害化处理流程。合理选址，集中规范建设病害水产品无害化处理场所，健全病死畜禽和水产品"统一收集、集中处理"的长效机制，逐步规范病害水产品无害化处理。健全财政补贴长效机制，实施病害动物无害化处理全覆盖。扶持水产养殖业的健康可持续发展，确保市场流通水产品的绿色、安全、无公害。减少病害动物给生产者、经营者带来的经济损失，建议各级政府逐步完善财政补偿长效机制。实施全覆盖病死动物无害化处理补贴，使病害水产品的无公害化处理由被动向主动转变，确保无公害处理工作的科学性、规范性、自觉性。

二、无害化处理的主要方法

1. 打捞出水

及时打捞水体和底泥中的死蛙，以防病原滋生蔓延，引发水体污染。

2. 深埋处理

选择远离水源、河流、养殖区和居住区的地点，集中进行深埋。掩埋时，先在坑底铺垫2厘米厚的生石灰，放入死蛙后再撒一层生石灰，最后用土填平，覆盖土层厚度应不少于 0.5 米。如已经出现疑似疫病等异常情况，要先将死蛙浇油焚烧，再覆盖厚度大于 1.5 米的土层。填土不需压紧压实，以免青蛙腐烂产气造成气泡冒出和液体渗漏，造成二次污染。掩埋后及时设立标识，提醒人们注意。

3. 发酵处理

选择远离水源地、河流、养殖区域等地点挖发酵坑，坑底放塑料薄膜，放入死蛙后用塑料薄膜密封，然后用土覆盖，而发酵液可作农作物的肥料。

4. 焚烧处理

有条件的养殖场，可采用焚尸炉焚烧方法进行处理，这一方法对污染处理最为彻底，但成本较高。

5. 水体消毒

发生有大量死亡的青蛙池，排水时必须使用药物进行水体消毒，使水质达到国家废水排放标准后方可排放，水体消毒可用 20 克/升的漂白粉液全池泼洒。

6. 工具消毒

对捕捉、运输、装卸病害水产品的各个环节要妥善处理，对所有工具都要用漂白粉、甲醛等药物消毒杀菌。

第十七章 典型养殖案例

案例一 **武汉市黄陂区李家集青蛙围栏养殖户张向阳（围栏养蛙）**

1. 基本情况

围栏蛙池 30 亩。2017 年投入 46 万元，主要用于蛙池改造，搭建围栏网、天网和饵料台，安装进排水管，及购买饲料、种蛙等。当年生产蝌蚪 2.1 亿尾左右，亩产青蛙 1077 千克，总产量 32310 千克，总产值 84 万元，纯收入约为 25.9 万元。亩平产产值为 2.8 万元/亩，纯利润 8616 元/亩。

2. 场地要求

将稻田围成长 20~22 米、宽 10~12 米，单个面积约 200 米² 的蛙池。蛙池四周设置 1.2 米高的围栏网，蛙池中间开挖"一"字形水沟，沟宽 1.5 米、深 0.5 米。

2017 年 4 月初，在田间沟中移植慈姑、水稻、黄豆等植物。这些植物主要起保水、保湿、遮阳的作用。

3. 引种

首先，在田间沟中施用经过发酵过的牛粪、猪粪、菜粕等有机肥，待饵料生物丰富后，每个蛙池（200 米²）投放 4 万尾蝌蚪。

4. 饲养管理

蝌蚪的食性与鱼苗类似，每天上午 9：00、下午 16：00 左右各投喂豆浆 1 次。饲养 30 天左右，蝌蚪开始长出后腿，过程中尾巴会渐渐地变短，然后会渐渐地长出两条前腿，个体也会长大，最后尾巴完全消失。长出四肢的幼蛙，即可开始用颗粒饲料在饵料台上驯食。每天早晚投喂 2 次，投喂量为幼蛙体重的 5%，以青蛙 2 小时内摄食完为宜，促进青蛙快速生长。

5. 捕捉上市

2017 年 8 月中旬开始用地笼捕捉。选择双层囊兜的地笼，可以选择性捕捞体重在 35 克/只以上的大个体成蛙，1~2 次完成蛙捕捞 60%。所剩小个体蛙种继续饲养 20 天后再捕捉成蛙 50 千克，至此捕捉完毕。

6. 效益评评价

选取一个 200 米^2 的蛙池作样本，共捕获 360 千克的成蛙产量，价格为 26 元/千克，毛收入 9360 元，由此推算每亩蛙池产量 1077 千克，收入为 28002 元。青蛙成本主要包括蝌蚪 0.3 元/尾，饲料（蝌蚪、幼蛙、成蛙）均价 7000 元/吨，饲料系数 1.26，土地租赁费 600 元/亩，扣除蝌蚪费 360 元，饲料费 2646 元，人工水电和田块租金 1000 元，还要扣除固定资产折旧，实践经验证明，每千克成蛙的综合成本平均为 18 元/亩，由此可以推测，每亩蛙池可获得的经济效益为 8616 元。

案例二　湖北省宜城市郑集镇槐营村青蛙稻田围栏养殖户王仁贵（围栏养蛙）

1. 基本情况

选择水源条件好的稻田 40 亩，2017 年投入 42 万元，主要用于稻田改造，搭建围栏网和饵料台。当年产蝌蚪 1.2 亿尾左右，成蛙 26000 千克，总产值 114 万元，纯收入约 45.6 万元，亩平纯利润 11400 元。

2. 场地要求

稻田单块面积分别 20 亩，15 亩和 5 亩三块。田块四周设置 1.2 米高的围栏网，田间开挖"一"字形水沟，沟宽 1~1.5 米，沟深 0.5~0.8 米，坡度 1∶3，以防止田埂垮塌。

3. 引种

2017 年 4 月初，在田间沟中移植慈姑、水稻、稗草、黄豆、盘根草等植物。这些植物主要起保水、保湿、遮阳的作用。同时，在田间沟中施经发酵过的有机肥，以培养轮虫、枝角类等饵料生物。

2017 年 4 月 18 日，每亩稻田投放自繁蝌蚪 2 万尾。

禁忌　连续阴雨天，蝌蚪容易发生水霉病，加上饵料生物匮乏，往往造成引种蝌蚪全军覆没，所以，青蛙引种要避开恶劣天气。

4. 饲养管理

每天上午 9：00、下午 16：00，在蝌蚪生活区稻田田间沟中，各投喂豆浆或蝌蚪粉饲料 1 次。饲养 30 天左右，蝌蚪开始长出后腿，过程中尾巴会渐渐地变短，前腿渐渐长出，个体也逐渐变大，最后尾巴会完全消失。这时就可以用颗粒饲料在饵料台上驯食。

5. 捕捉上市

2017 年 8 月 8 日开始用地笼捕捉。将体重在 35 克/只以上的大个体成蛙全部捕获上市。所剩小个体蛙种继续饲养。

6. 效益评价

稻田养蛙，青蛙消灭水稻中的害虫，基本不使用农药，青蛙投喂饲料，青蛙粪便即是水稻的肥料，减少了化肥的用量，生产出的水稻增值增效。稻田每亩出产 650 千克成蛙，收获优质水稻 600 千克，青蛙出售平均价格 32 元/千克，水稻 3 元/千克，每亩毛收入 22600 元，扣除青蛙综合成本 10400 元，扣除水稻综合成本 800 元，每亩平均纯利润 11400 元。

案例三　湖北省监利县柘木乡稻田养蛙专业户 姜佳元（围栏养蛙）

1. 基本情况

养殖面积 120 亩，2017 年青蛙养殖投入 30.4 万元，总产量达到 20640 千克，总产值 61.9 万元，纯收入 31.6 万元。亩平均产量达 172 千克，亩平均产值 5160 元，亩平均纯利润 2630 元。

2. 场地要求

选择水源充足，水质清新，灌排通畅，光照及保水性好，能防涝防旱的稻田，田埂四周加高加固。田埂高出稻田 50 厘米，宽度 50 厘米，田埂上栽插木桩固定围栏网，围栏高度 1 米，向稻田内侧稍作倾斜，防蛙逃逸。田间开挖"田"字形蛙沟，沟宽 40 厘米、深 25～30 厘米。在田间进排水口的蛙沟交叉处，开挖 1 个蛙池，一般长 2 米、宽 1 米、深 0.8～1 米，坡度 1：3，以防倒塌，进排水口建在稻田田埂相对的两角，安装拦蛙网。水稻品种选择高产、耐肥、抗病、抗倒伏的推广品种。

3. 引种

幼蛙放养前 7～10 天，对稻田进行彻底消毒，清除乌鳢、黄鳝、鲤鱼、鲫鱼、蛇等敌害生物。蛙沟、蛙池每立方米水体用生石灰200克或漂白粉20克化浆均匀泼洒。青蛙苗选择规格整齐、肤色亮泽、强壮活泼的幼蛙，下田前用多维葡萄糖或3%的食盐水浸浴10分钟。

插秧后10天左右即可放养幼蛙，放养个体重约5克/只的幼蛙6000只左右，也可以直接放养蝌蚪，密度为10000尾/亩。

4. 饲养管理

一是做到合理投喂，在稻田四周搭建饵料台，每亩1~2个，饵料台由聚乙烯网布和木框组成，面积为2米²左右。主要投喂青蛙专用配合颗粒饲料。投喂量为蛙体重的3%左右，再视气温、摄食情况作适当增减，饲料大小以青蛙能一口吞食为宜。放养初期，稻田中天然饵料较少，需投喂1个多月的人工饲料，前期在颗粒料中加拌蝇蛆诱蛙取食，定点、定时投喂于饵料台上。一般1个月以后稻田中水生昆虫繁殖较多，同时在饵料台上方安放黑光灯用于夜间诱虫，可为青蛙提供部分天然饵料。人工饲料投喂量以每次投喂当天基本吃完为宜。饲料一定要投足，以免幼蛙争不到饲料，加剧大小差异，出现大吃小现象。

二是做到科学施肥、用药。施足有机基肥，合理施用追肥。基肥一般每亩施发酵粪肥200~300千克。追肥常用的化肥种类有尿素、磷酸钙、氯化钾等，不能施用有强烈刺激作用的氨水和碳酸氢铵，应采用深施或根外施肥的方法。避免在高温天气追肥，追肥数量依据田水肥度而定，肥田少施，瘦田多施。

稻田用药应按植保部门规定使用高效低毒的农药，施药时间一般在9：00以前，或16：00以后。喷粉剂农药，宜在露水未干前，喷乳剂农药，宜在晴天露水干后，用细雾法施药，农药一定要喷洒在稻叶上，下雨天或雷阵雨前避免施药。施药后加强巡田，一旦发现异常立即换新水。

三是适时调节水位，田水调节要根据天气变化、水稻的发育阶段及兼顾青蛙的需要。在秧苗栽插到水稻分蘖前，稻田保持3~5厘米的浅水位，而后逐渐加深至10~15厘米。在晒田时，围沟中要保持10厘米左右的水深，晒田之后要及时恢复到原水位。高温季节勤换水，每3~5天换水10厘米左右。

5. 捕捉上市

稻谷当年9月底前后，收割完毕，稻田田中的饵料生物减少，水温下降。青蛙已长成，即可用地笼捕捉上市，捕捉方法与围栏养殖相同。

6. 效益评价

稻田大面积养蛙节水节能，一水两用，虽然青蛙产量比小面积精养产量低，但仍然比单纯种稻收益高，并且水稻品质好，稻田总收益高。成蛙亩平均产量达 172 千克，亩平均产值 5160 元，青蛙养殖亩平均纯利润 2630 元。

案例四 湖北省红安县上新集镇青蛙养殖户吴嘉安（池塘养蛙）

1. 基本情况

2018 年投入 13 万元养殖青蛙，蛙池由养鱼池塘改造而成，面积 6 亩。5 月投放幼蛙，9 月中旬开始捕捉成蛙并陆续在武汉市场上销售，到 11 月中旬，成蛙全部售出，共获利 9 万元。

2. 场地要求

蛙池围栏形式简单多样，蛙池面积不限，蓄水深度为 40~50 厘米。池四周围栏即可。围栏用聚乙烯网片为材料，每隔 1~2 米打 1 根木桩，再将围网固定在木桩上，使围栏高度达到 1 米。围栏下部再围一圈 40 厘米高的黑色塑料片，并埋入土埂之下 10 厘米，防止青蛙跳跃外逃而被擦伤。围栏呈直线，拐角处呈弧形状，不可形成角度，以免引起青蛙角落扎堆被压死。围栏可建在池埂上。池塘里面要建漂浮架或土山包，作为青蛙栖息地，陆地面积与池水面积各占一半。在盛夏季节，在池塘上方要搭设遮阳棚，面积占到池塘面积的 1/5，起到遮阳降温作用。在池塘中种植水花生、慈姑等水生植物，植物面积占池水面积的 1/4。池中栖息陆地种植瓜果、蔬菜等农作物，既可供青蛙栖息。同时，可招来蚊蝇、飞蛾等昆虫，为青蛙提供更多动物性蛋白质，又减少了农作物害虫。每个池塘配套建造多个饵料台，约每 100 米² 设置 1 个，作为青蛙摄食的场所。饵料台四周用方木料钉成高度为 5~6 厘米的边框，台面用聚乙烯网片制成。整个饵料台用木桩固定在水中，台面要求高出水面 5 厘米以上。饵料台最好建在陆地上。进排水口设置过滤网或防逃网片。池塘之间用网片分隔开来，以减少传染病的传播。

3. 引种

4 月初对池塘进行彻底消毒，每平方米用生石灰 150 克，化浆后泼洒消毒，4 月 15 日检查池塘，确认毒性消失，即注水放养幼蛙。蝌蚪放养密度为 100 尾/米²。幼蛙下池前用聚维酮碘溶液消毒，以减少应激、杀灭体表病菌和寄生虫。

4. 饲养管理

选择青蛙各生长阶段的专用饲料，在饵料台上投喂。一般每天在9：00和16：00投喂，投喂量为青蛙体重的3%~5%。上午投喂量占总量的30%，下午为70%。在饲料中添加中草药、乳酸菌和EM菌，可防病和提高青蛙免疫力。根据天气变化适当调整投喂量，以2小时内青蛙吃完为宜。

管好水质，在池中移植水葫芦等浮水植物。这类植物都可吸收水中污物，净化水质，并可在炎夏为水体降温，供幼蛙攀附栖息。每周使用1次EM菌或光合细菌改善水质。

防逃除害，池塘养殖设施简单，多数是就自然水体而建，容易发生逃蛙和敌害侵袭等现象。因此，要勤于巡塘，注意检查围栏漏洞。

锻炼青蛙体质，为预防青蛙堆积在池塘角落和水草丛中扎堆挤压，不摄食、不活动，导致其瘦弱致病死亡，应经常在容易堆积的地方驱赶青蛙使其活动，增强体质。

5. 捕捉上市

2018年9月12日开始用地笼捕捉。将体重在40克/只以上的大个体成蛙捕获上市，未达到规格的小个体幼蛙继续饲养，通过降低密度的方式，加快其生长。

6. 效益评价

池塘养蛙，在池塘边缘搭建饵料台，以投喂人工饲料为主，青蛙长势良好。2018年11月12日成蛙全部捕捞完毕。共生产4800千克成蛙，出售的平均价格为33元/千克，毛收入158400元，扣除养殖成本每千克青蛙18元，每亩平均纯利润12000元左右。

参 考 文 献

[1] 刘焕亮，黄樟翰. 中国水产养殖学［M］. 北京：科学出版社，2008.

[2] 赵子明，邹叶茂. 池塘养鱼［M］. 北京：中国农业出版社，2007.

[3] 杨先乐. 水产养殖用药处方大全［M］. 北京：化学工业出版社，2008.

[4] 戴银根. 食用蛙高效养殖致富技术与实例［M］. 北京：中国农业出版社，2016.

[5] 王凤，白秀娟. 食用蛙类的人工养殖和繁育技术［M］. 北京：科学技术文献出版社，2011.

[6] 邹叶茂. 名特水产动物养殖技术［M］. 北京：中国农业出版社，2013.